核！就在你身边

——不可不懂的核知识

主 编 陈宝珍 韩 玲

第二军医大学出版社
Second Military Medical University Press

内 容 提 要

本书用深入浅出的语言描述了在日常生活中存在于我们身边的核和放射性现象。本书从原子、原子核物理学、人类利用核能、放射性同位素、放射损伤和防护等的专业术语和概念谈起，揭示核科学的秘密，让我们了解无处不在的核辐射并不可怕，并且告诉我们——核是一把双刃剑，我们既可以充分地利用它，也要注意在利用的同时进行自我保护。

本书行文流畅，通俗易懂，适于广大市民阅读，从而认识和了解核科学的知识。

图书在版编目(CIP)数据

核！就在你身边——不可不懂的核知识/陈宝珍，韩玲主编.—上海：第二军医大学出版社，2014.8

ISBN 978 - 7 - 5481 - 0890 - 0

Ⅰ. ①核… Ⅱ. ①陈… ②韩… Ⅲ. ①辐射—基本知识 Ⅳ. ①TL99

中国版本图书馆 CIP 数据核字(2014)第 156613 号

出 版 人 陆小新

责任编辑 许 悦

核！就在你身边

——不可不懂的核知识

主编 陈宝珍 韩 玲

第二军医大学出版社出版发行

上海市翔殷路 800 号 邮政编码：200433

发行科电话/传真：021 - 65493093

http://www.smmup.cn

全国各地新华书店经销

江苏天源印刷厂印刷

开本：850×1168 1/32 印张：5.125 字数：13 万字

2014 年 8 月第 1 版 2014 年 8 月第 1 次印刷

ISBN 978 - 7 - 5481 - 0890 - 0/T·037

定价：18.00 元

编 写 人 员

主　编　陈宝珍　韩　玲

副主编　吕中伟　陈克非　闵　锐　雷呈祥

编　者（按姓氏音序排列）

　　　　陈宝珍　陈克非　韩　玲　雷呈祥

　　　　刘玉龙　吕中伟　闵　锐　沈宇林

　　　　王丽丽　曾倩倩

序　言

　　一提起核,公众的第一反应就是核武器、核辐射和癌症。这种心理的形成经历了一个很长的过程。1885 年,伦琴发现了 X 射线,1896 年,贝克勒尔发现了自然放射性,人们观察到放射性核素会对身体产生影响——贝克勒尔因长时间随身携带一试管镭的化合物,胸部出现了溃疡。在此之后的几十年里,人类对核的认知是两面性的:一方面,由于放射性核素强大的能量,很多人认为服用镭可以使身体变"热"从而强身健体,含有镭的"保健品"风靡全球。1899 年,第一例用 X 线消除脸部肿瘤的病例被报道。另一方面,人们逐渐意识到放射性对人体有长期影响。当时有很多往仪器表盘上刷荧光粉(含有镭)的工人因经常用舌头舔沾有荧光粉的毛刷而得了口腔肿瘤。X 线的大量使用也和癌症的发病呈正相关。第二次世界大战以来,广岛和长崎两颗毁灭性的核弹爆炸,第一次让世人认识到核裂变的巨大威力;随后美苏大力发展核军备,冷战格局形成;1979 年的第一次民用领域核事故的三里岛事件、1986 年的切尔诺贝利灾难性核事故和 2011 年的福岛第一核电站事故,组成了可怕的核事故三重奏,对几十年来正在复兴的核能造成了很大冲击。这些事件本身的破坏性和灾难性。加之,新闻媒体大幅度地报道放射性的破坏力及核污染的长期影响,造成了社会公众对核的负面看法,谈"核"色变的阴影始终挥之不去。

　　人们害怕核,但又离不开核。随着科学技术的发展,人类在掌握核辐射规律的前提下,已经让核技术融入到了人类生产、生活的方方面面。除了大众熟知的核能发电和放射性核素诊断治疗,在食品保藏、医药消毒、辐照育种、辐射探测、工业废水处理等领域,核技术都发挥着重要作用。与此同时,核技术应用研究也是国防建设、国家经济可持续发展所不可或缺的重要组成部分。随着人类对能源需求的增加,以及对环境保护认识的提升,核技术的应用将会越来越多地出现在人类的生活当中。

实际上,人类从古到今一直生活在一个放射性的世界中,我们周围的自然环境充满着辐射。这种辐射来自土壤、水和空气中的天然放射性及宇宙线辐射。在现实生活中,我们也随时处在各种人工辐射的包围之中。做 CT 检查时,X 线有辐射;癌症放疗,要用到放射性核素;用微波炉热东西,有电磁辐射;甚至就连看电视、用手机,也会有大大小小的辐射。辐射无所不在,到处都是可能成为人们畏惧辐射的对象。

公众对核事业所持的态度是核事业发展的重要主导因素之一。为了普及核知识,增进人们对核这把"双刃剑"的了解和认识,引导公众客观地看待核技术,上海国际战略问题研究会核战略专业委员会和第二军医大学的多位专家教授联合举办过多期核有关的系列科普宣传活动,并在此基础上编写了这本科普读物,用通俗易懂、生动形象的语言,从原子、原子核物理、核能、放射性同位素、放射损伤和防护等的专业术语和概念谈起,结合我们身边常见的核技术应用,揭开核的神秘面纱。

第二军医大学副校长
上海国际战略问题研究会副会长
二〇一四年七月二十四日

目　录

第一章

核与我们的日常生活

第一节 核辐射的基础知识

随着科学技术的不断发展,放射性核素在国民经济和军事领域中的应用越来越广泛,核辐射已不再是遥不可及的专业名词,它已存在于我们实际生活的方方面面。从医院里的 X 线摄片到移动电话应用的普及,电脑的广泛应用等都使人们随时可能受到辐射的影响,而前苏联切尔若贝利核电站事故、日本福岛核电站泄露事件更是让民众陷入对核辐射的恐慌中。然而,细数近些年工业、农业、医学、空间探测领域诸多傲人的发展成果,无不包含了对核辐射的巧妙应用。由此看来,对核辐射的全盘否定和一味推崇都不是明智之举,只有认识到核辐射的本质,我们才能充分安全地利用它。因此,就让我们到微观的世界里去掀开核辐射的面纱,一睹它神秘中的真实面貌。

1. 对物质结构的探索不是一步到位的

科学家们通过各种各样的科学实验,不断地探索、发现和假设微观世界的组成和结构,设计了很多种"结构模型",并进行了论证。终于,直到 2013 年,欧洲的两位物理学家发现了"上帝粒子"的存在,至此,人类探索微观世界的物质组成和结构所建立或假设的 4 种模型全部完成。也就是说,这 4 种模型都可以诠释物质的组成和结构,只有综合这 4 种模型,才能完整地反映物质的组成和结构。

那么,什么是物质? 物质是一种占有空间、具有质量的材质。宇宙中,所有可观察到的物质都是由各种各样不同的元素,以不同的方式组合而成。

目前已知的化学元素已有 118 种。元素中最小的颗粒为原子。

物质的组成,依次为物质→分子→元素→原子。

进一步发现,原子的半径约为 10^5 飞米[fm,1 fm=0.000 001 nm(纳米)]。原子核的半径约为 10^{-1} fm($1.07 \times \sqrt[3]{A}$ fm,A 为核子总数)。若将原子比作一足球场,原子核就像足球场中的一粒芝麻。原子核由质子和中子组成。质子和中子也统称为核子。

核子由夸克、轻子、规范波色子、希格斯波色子组成。其中,规范波色子和希格斯波色子是夸克和轻子的反粒子。

质子由 2 个上和 1 个下的夸克组成。

中子由 2 个下和 1 个上的夸克组成。

2. 放射性与放射性核素

1895 年 11 月,德国的物理学家伦琴开始研究真空管中的高压放电效应时,发现某一种阴极射线能够使涂了氰亚铂酸钡的小纸屏产生荧光效应。他不知道这种射线是什么,因此,他暂时命名这种新射线为 X 射线。

1896 年 2 月,法国的物理学家贝可勒尔在对 X 射线本性进行探索研究时,推测荧光和 X 射线可能是由于同一机制产生的,一切荧光现象都可能伴随着 X 射线的存在。他用钾铀酰硫酸盐(一种荧光晶体)放在用黑纸封闭的照相底版上,经日光照射这种晶体,看照相底版是否感光,从而来检验他的这种猜想,结果照相底版上果然有晶体的雾翳像。因此,他认为他的推测被证实了。在继续实验中,有一次因阴天而受阻,他把铀盐晶体和黑纸包裹的底版一起放在暗室抽屉里。由于钾铀酰硫酸盐晶体的荧光在脱离照射光源后会很快熄灭,按照原先推论,在不受日光照射的情况下,底版上不应出现晶体的雾翳像。而出乎意外的是,当显影后底版上同样出现晶体的雾翳像。他用不发荧光的铀化合物进行实验,也在照相底版上形成雾翳像,可以说明这种穿透性射线和荧光无关。他又用其他发光晶体进行实验,发现只有含铀的晶体才产生穿透性射线。最后,他再用纯铀进行实验,发现其穿透性辐射强度比钾铀酰硫酸盐要高三四倍。这就证实,穿透性射线是从晶体中的铀发出的,发出射线是铀元素的一种特性。他又用实验证明,这种射线像 X 射线一样能使周围的气体电离;但又和 X 射线不同,它可被电场或磁场偏转。因此,当时称这种射线为贝可勒尔射线。后经英国 G. C. N. 施密特,以及特别是法国的居里夫妇的努力,发现钍、钋、镭等都放射这种射线,从而把这种现象定名为放射性,把这类物质称作放射性物质。

某些物质的原子核能自发地放射出我们肉眼看不见,也感觉不到的射线的这种性质叫放射性。具有放射性的核素叫放射性核素。

放射性核素又分为天然放射性核素和人工放射性核素。

自然界存在的各种核素中,原子序数在 84 以后的核素都有放射性,这些都属于天然放射性核素。而在居里夫妇用人工方法制造出人工放射性核素后,人们开始尝试人工制造更多的放射性核素,如用加速器加速各种带电粒子以轰击不同物质的靶原子,放射出射线,形成另一种物质,它们是互为同位素。目前,几乎所有的元素都拥有了放射性同位素。

3. 电离辐射和非电离辐射

能引起物质电离的射线统称为电离辐射。在日常生活中,常

见的电离辐射有 α 射线、β 射线、γ 射线、中子、X 射线和高能电子束。电离辐射通过在物质中的电离和激发作用，引起介质分子的结构和功能发生改变，从而产生辐射效应。电离辐射作用于生物体时，可产生明显的辐射生物学效应。

不能引起物质电离的射线统称为非电离辐射，如可见光、紫外线、声辐射、热辐射和低能电磁辐射。相较于电离辐射，非电离辐射更是广泛存在于我们的生产与生活中，如金属熔炼、钢管焊接等工艺，雷达监测、无线通讯等技术，烘烤加热设备的运作，甚至是太阳光的照射，都属于悄然无声地与我们亲密接触的非电离辐射。由于非电离辐射的广泛存在，即便其能量不强，它依旧值得引起我们的高度关注。

4. 核衰变与核反应

核衰变是放射性核素的原子核自发地放出某种粒子（α 射线、β 射线）或光子（γ 线），并发生核结构改变的过程。

核反应是原子核由于外来的原因，如带电粒子的轰击、吸收中子或高能光子照射等引起核结构的改变。

5. 电离辐射及其与物质的相互作用

射线遇到或穿过物质时，与物质相互作用，由于电离、碰撞、散射等过程而损失能量或改变方向，将能量传递给物质而自身能量逐渐衰减，当能量耗尽时，射线就完全被吸收。显然，电离作用越强，能量消耗越快，越容易被物质吸收，穿透能力就越弱。反之，穿透能力就越强。

（1）α 射线也称甲种射线

α 射线也称 α 辐射（α-radiation），带有两个单位正电荷，有很强的电离能力，但穿透能力弱，在介质中的射程很短，空气中只有数厘米,生物组织中只有数十微米,难以穿透皮肤的角质层。α射线外照射对人体的危害可以不予考虑。但是一旦α粒子通过破损的皮肤或消化道、呼吸道等进入人体内,并聚集在某处,达到一定的剂量时便会对人体产生电离辐射的损伤效应。因此要注意α射线体内照射的防护。

(2)β射线也称乙种射线

β射线是高速运动的电子流。多数β粒子运动速度较大,最大可接近光速。β射线的电离能力较α射线弱,但穿透能力较α射线强,在空气中的最大射程可达数米,在生物组织中为数毫米。因此,当释放β射线的核素沾染到皮肤时,β粒子可损伤皮肤层导致皮肤放射损伤;当此类核素进入体内,可导致体内放射损伤。

(3)X射线和γ射线也称丙种射线

γ射线和X射线类似,是波长极短的一种电磁辐射,不带电,运动速度等于光速,电离能力相对较α和β射线弱,但穿透能力很强,在空气中可传播至几百米以外,可穿透整个人体,主要造成外照射损伤。

(4)中子

中子不带电,它的质量略重于质子,在空气中的自由射程很长,可与γ射线相比拟,也是造成外照射危害的主要射线种类。

中子与介质相互作用时,产生的效应与中子的能量大小有关。

中子与介质的原子核碰撞后,中子的部分能量传给原子核,而自身靠剩下的能量改变运动方向,此时的中子就有很强的电离能力。

快速的中子若与重原子核相碰,则与核暂时结合,此时的原子核处于不稳定状态,于是原子核会释放出γ射线而回到稳定的状态。

稳定的核素在遇到慢速的中子时可以将其截获,使自身称为放射性核素，这种感生放射性也是中子与物质相互作用的重要方式。

中子的用途主要在物理学、核工业研究领域，例如，用它来撞击稳态的放射性物质产生裂变反应等。

6. 核辐射对人体造成损伤的原因

核射线在接触或穿过人体时，不断将自身的能量传递给所接触的组织，导致这些组织的生物分子或水分子的电离或激发，进而产生水或生物分子自由基，这些自由基作用于脱氧核糖核酸（DNA）、核糖核酸（RNA）、蛋白质等生物大分子，导致重要的生物大分子结构与功能的改变，最后导致生化、生理及代谢的改变，组织细胞的改变，系统功能的改变等一系列过程（表1-1），从而导致器官或组织的损伤。

表1-1　电离辐射与物质作用的时间过程

射线作用于人体的时间	人体内细胞组织器官的变化
物理阶段	
$10^{-18} \sim 10^{-15}$ 秒	射线能量转移给生物分子，生物物质的电离、激发
$10^{-14} \sim 10^{-15}$ 秒	离子-分子反应，离子水合作用
化学阶段	
$<10^{-12} \sim 1$ 秒	生物大分子自由基的形成
$1 \sim 10^3$ 秒	生物化学反应（核酸、蛋白、脂膜）
生物阶段	
数小时	细胞分裂抑制
数天内	中枢神经系统和胃肠道出现症状
约1月	造血障碍
数月	晚期组织器官损伤（如肺纤维样变）
若干年	诱发肿瘤、遗传效应。

人体内不同组织器官对电离辐射的敏感性不同(表1-2)。

表1-2　细胞群体类型、增殖特点及大剂量全身外照射后早期表现

增殖特点	细 胞 种 类	辐射敏感性	大剂量全身外照射后早期表现
持续性分裂	造血干细胞、胃肠黏膜上皮细胞、生殖细胞、肿瘤细胞	很敏感	淋巴细胞减少;恶心、呕吐或有腹泻;不孕不育;肿瘤细胞死亡
受刺激条件下可分裂	肝、肾、唾液腺、胰腺细胞	较不敏感	表现不明显、口干
不分裂	神经细胞、肌肉细胞、成熟红细胞、粒细胞	不敏感	表现不明显

　　一般说,造血干细胞、胃肠黏膜上皮细胞、生殖细胞、肿瘤细胞等这些增殖能力较强的细胞对辐射最敏感。因此,在受到一定剂量的电离辐射照射后,人体造血系统和胃肠道系统损伤症状较为突出,可出现恶心、呕吐及全血细胞减少等症状。稳定状态的细胞群对辐射不敏感,如神经细胞,肌肉细胞,成熟红细胞、粒细胞。而生长状态的细胞群(可逆性分裂后细胞)对辐射较不敏感,如肝、肾、唾液腺、胰腺细胞。

　　核辐射对人体的损害并不是"一次性"的。即使当时受到的核辐射损伤,患者经过脱离照射和积极的治疗而康复,但遭到破坏的DNA和染色体依然存在,在未来某个时刻仍可能出现恶性肿瘤、白内障、生长发育障碍、生殖功能障碍等辐射的远后期效应。

　　正是通过对生物大分子纷繁复杂的作用机制,核辐射才对人体造成了一系列的损伤。

第二节　生活中的核辐射来源 与暗藏的辐射污染

辐射无处不在，宇宙空间的各种物质都具有辐射性。人们每天都会接触到天然辐射和各种人工辐射，只是剂量的大小而已。

1. 天然辐射源

这种辐射来自宇宙空间，也来自土壤岩石、水和空气中的天然放射性物质。氡气就是一种自然界中的放射性气体，是主要的天然辐射源。人类在地球上生活，必然接受着各种天然辐射的照射，被称为天然本底辐射，简称天然本底。主要包括宇宙射线和地球上的放射性核素。根据国际原子能机构通报，在一般地区，人体受到的天然辐射年累积当量剂量达每年 1 毫希。

（1）宇宙射线

宇宙射线是从宇宙外层空间进入大气层的各种高能粒子流。在进入大气层之前，称为初级宇宙射线，主要成分是质子、α 粒子及一些重核。它们进入大气层，与大气层中的原子核相互作用产生各种次级粒子，如介子、电子、光子、质子和中子等，这些次级粒子是地面宇宙射线的主要成分。在海平面上，宇宙射线对人体照射年当量剂量为每年 0.28 毫希。海拔 10 千米内，每升高 1.5 千米，剂量约增加一倍。

（2）天然放射性核素

天然放射性核素分为三类：一是铀系、锕系和钍系 3 个天然放射系中的核素；二是地壳中存在的除以上 3 个放射系以外的其他天然放射性核素，如钾-40、铷-87 等；三是宇宙射线与大气原子核相互作用产生的氢-3、碳-14 等放射性核素。天然放射性核素的种类很多,但主要的是铀、镭、钍、氡、钾-40和碳-14等。地球表面各地地壳成分不同,放射性水平也有差异,个别地区天然放射性核素水平可高数倍,称为高本底地区。

土壤、岩石和海水中钾-40的含量最高。土壤中放射性含量由其下面的岩石性质所决定,火成岩含量最高,石灰岩最低。淡水中钾-40的含量可忽略不计。矿泉水和深井水的放射性主要是土壤岩石中的氡,逸散进入,其含量高于地面水。因为地面水中的氡已大部分释放入空气,一般低于10微微居里/升。

空气中的天然放射性核素,主要为地表逸入大气中的氡及其子体。空气中的氡含量受许多因素的影响,同一地点氡浓度一般是凌晨高于午后,秋冬季高于春夏季。存在于房屋内的主要为氡气,屋内主要受通风条件的影响,一般是室内高于室外。据权威部门调查,人类所受到的天然辐射剂量中,约有40%是由氡气引起的。氡本身会发生自然衰变并产生具有放射性的子体衰变产物。当人们呼吸时,氡的衰变产物能够被肺捕捉呼吸到,由于这些衰变产物的进一步衰变放出α粒子等射线,这种小的能量"炸弹"能够损坏肺的组织,甚至导致肺癌。降低室内氡气的方法主要有自然通风、强制通风、密封裂缝等。因室外氡气浓度较低,经常打开窗户和门进行自然通风,可使室内氡浓度降低90%以上。

在近地面的空气中,氢-3的浓度约为50微微居里/升,碳-14的浓度约为1.5毫微居里/升。

动、植物类食物中的天然放射性核素主要为钾-40、镭-226和碳-14等。

建筑材料如花岗石、泥土、砖瓦、混凝土和木材等都或多或少地含有放射性物质。其中以花岗石的放射性活度浓度最高,红砖次之,青砖较低,木材最低,而混凝土则随其原料而异。

(3)人体内的放射性核素

人们摄入的空气、食物、水中都有微量的天然放射性物质。环境和食物中的放射性核素,通过各种途径进入人体内,造成一定的内照射,如钾-40、碳-14、镭-226等,一般的当量剂量达每年0.20毫希。

2. 人工放射源

人工放射源主要包括核试验产生的、随风遍布全球的放射性沉降物(落下灰)、核工业等排放的放射性物质造成的局部污染、职业照射和医疗照射。实际上,如果经过合理的、正常的屏蔽和防护,人工辐射源对人体的照射远小于天然本底照射。

(1)核试验对全球的环境污染

核爆炸产生的落下灰,可进入大气上空,随风向形成带状沉降和全球性沉降。全球性落下灰中放射性核素种类很多、很复杂,但从生物学意义上,主要为锶-38和铯-137,其次为碘-131、氢-3、碳-14、钚-239等。

(2)核工业、核动力对环境的污染

核工业包括从采矿、冶炼至核燃料制造的全过程的工业体系。核动力主要包括核电站、核动力舰船、潜艇等。它们主要通过排放放射性废气、废水、废物和核事故释放出的放射性核素造成环境的放射性污染。在反应堆运行之前的核燃料生产过程中,产生的放射性"三废"仅含天然放射性核素;反应堆运行后,排放的放射性"三废"还包括裂变产物和活化物质,这些污染除氪-35、氢-3等气体可扩散至较大范围外,其余都只是造成小范围的局部污染。

核工业、核动力对环境的污染,给人类增加的剂量只占很小的一部分,它比核试验全球性落下灰的污染还要小。但必须严格管理、严格按照"三废"处理措施进行操作,不可乱排、乱放。否则,对人类的危害和环境的污染将是巨大的。

(3)职业照射与医疗照射

与放射有关的工作人员在工作中受到的照射称为职业性

照射。

医疗照射则是人们因诊断或治疗等目的所受到的照射。一次X射线透视可能使受检者受到0.01～10毫戈瑞(Gy)的剂量。

3. 其他

由于高空中的宇宙射线较强,因此,乘飞机旅行2000千米受到的辐射约0.01毫希沃特。每天抽20支烟,每年受到的辐射为0.5～1毫希。

第三节　日常生活的电磁辐射来源

电磁辐射源可以分为自然电磁辐射源和人为电磁辐射源。雷电、太阳黑子活动、宇宙射线等都会产生电磁辐射,这是自然电磁辐射源;而人为的电磁辐射源主要有各类无线电设备,也包括工业、科学和医疗设备。按照威胁程度,在生活中常见的电磁辐射源主要有如下一些。

1. 电热毯

电热毯的功率通常在几十到上百瓦之间,其内部是纵横交错的金属丝网,产生的磁场强度较大,且可能直接和人体接触并长期使用,一直是人们关注的重点。国外曾进行过电热毯与孕妇流产率之间关联的研究,部分结果显示其中存在着一定的关联,虽然尚无定论,但从降低风险的角度考虑,应当减少使用电热毯的时间,特别是不要整夜开着电热毯睡觉。可以在睡前开一会,等被窝暖和了,就将电热毯的电源关掉。

2. 电吹风

电吹风由于贴近头部使用,且功率常常在上千瓦,也常被认为是高辐射的家电。据上海环境辐射研究监测中心的一项检测数据显示，一般普通家用的 1000 W 的电吹风，辐射值约为 350 毫克斯（mG，磁场强度单位），而电视机和电脑显示器，辐射值分别约为 45 毫克斯和 100 毫克斯，远远低于电吹风的辐射量。不过就合格的电吹风而言，在距离其出风口 10 厘米的位置，也就是一般建议的使用位置，其辐射强度并不比对着电脑屏幕高多少，而在其出风口位置及开关的瞬间则可以产生相当大强度的辐射。所以，使用电吹风时要保持 10 厘米以上的距离，在开关的瞬间也不要贴近出风口。

3. 微波炉

微波炉的功率通常可以达到 1000 瓦，其内部加热食物时产生的微波频率通常为 2.5 吉赫（GHz），如此大功率、高频率的电磁辐射，即便有 1% 泄露到外界环境中也是很危险的。不过，微波炉在设计时非常注意其封闭性，质量合格的微波炉内的电磁波完全不会泄露到炉外。使用封闭严密、质量过硬的微波炉是不用担心辐射问题的。使用时要注意：①微波炉不要放在卧室里；②启动微波炉后，人不要站在旁边；③等停止运行时再过去处理食品；④微波炉不用时要拔掉电源。另外，不要使用二手微波炉，家中的微波炉在使用期到了之后，也要及时更换，微波炉使用年限为 10 年。

4. 电脑

电脑所产生的电磁辐射既有工频，也有射频，还包括紫外线、X 射线等，从显示器、机箱到鼠标、键盘都存在不同强度的辐射，显示器和机箱比较大。

5. 手机

手机的辐射绝大部分来自于其信号的传输，包括手机与手机之间的通话、与通信基站之间的信号交换、蓝牙、wifi 等。这些辐射都属于频率高、波长短的微波辐射,对人体影响较大。不过,手机的辐射只有在其寻找信号和接通时会达到峰值,而正常通话和待机时几乎检测不出辐射。蓝牙功能启动时也只不过有几十毫瓦的功率,如此低的功率是不会对人体产生影响的。不过目前有一种"大功率蓝牙设备",通过增大发射功率,其工作范围可达到上千米,其电磁辐射非常强,尽量不要使用。知道了手机辐射的峰值时段,就可以采取相应的措施,避免或减少辐射。

6. 电视

传统显像管电视在正面半米的范围内正常开机的瞬间所产生的辐射值是 0.12 微特斯拉,正常观看时的辐射值是 0.30 微特斯拉,换台时为 0.27 微特斯拉,待机状态则是 0.11 微特斯拉,而电视机侧面在正常观看的情况下,辐射值是 0.28 微特斯拉。大多数人看电视是在 3 米左右的距离,此时辐射有很大程度的衰减,开关机、正常观看、换台、待机状态都是 0.12 微特斯拉。因此,传统显像管电视正常观看不会产生危害。但是其后面辐射强度较大,开机后在 0.5 米之内辐射值竟可达 4.8 微特斯拉。

各种家电在不同距离的电磁辐射强度见表 1 - 3。

表 1 - 3　不同距离的各种家用电器的磁感应强度(微特斯拉:μT)

家　电	距离(厘米)		
	3	30	100
剃须刀	15～1500	0.09～9	0.01～0.3
吸尘器	200～800	2～20	0.13～2
微波炉	75～200	4～8	0.25～0.6
搅拌机	60～70	0.6～10	0.02～0.25

（续表）

家　电	距离（厘米）		
	3	30	100
电褥子	40～85	0.1	＜0.01
烤面包机	7～18	0.06～0.7	0.01
电视机	2.5～50	0.04～2	0.01～0.15
电熨斗	8～30	0.12～0.3	0.01～0.025
洗衣机	0.8～50	0.15～3	0.01～0.15
咖啡壶	1.8～25	0.08～0.15	＞0.01
电冰箱	0.5～1.7	0.01～0.25	＞0.01

7. 其他

其他常见的电磁辐射源还有雷达系统、广播发射系统、射频感应及介质加热设备、射频及微波医疗设备、各种电加工设备、通信发射台站、卫星地球通信站、大型电力发电站、输变电设备、高压及超高压输电线、地铁列车及电气火车及大多数家用电器等，这些都是可以产生各种形式、不同频率和不同强度的电磁辐射。

第四节　电磁辐射种类及其主要危害

1. 电磁辐射种类

辐射分为电离辐射与电磁辐射。由于辐射能量的不同，对人体的危害也是不同的。电离辐射是一切能引起物质原子电离的辐射，而电磁辐射是由交变电场和磁场中的电能量和磁能量所组成。同等情况下，电离辐射的破坏性更大一些。

电磁辐射,又称非电离辐射,紫外线、红外线、可见光线、激光、无线电波等都属于电磁辐射。是由于交变的电场和磁场而产生的电磁波向周围空间产生的辐射。由于这类辐射的能量较低,无法引起周围物质电离。严格来讲,所有电器(包括家用电器)都会产生电磁辐射,但真正会造成环境污染,影响人类健康的是一些大功率的通讯设备,如雷达、电视和广播发射装置,工业用微波加热器(家用微波炉也可能有电磁辐射泄漏),射频感应和介质加热设备,高压输变电装置,电磁医疗和诊断设备等。由于辐射的本质不同,因此它作用于人体的机制也不同于电离辐射。电磁辐射有近区场和远区场之分,它是按一个波长的距离来划分的。近区场的电磁场强度远大于远区场,因此是监测和防护的重点。

2. 电磁辐射的主要危害

电磁辐射危害人体的机制主要是热效应、非热效应和自由基连锁效应等。只有在电磁辐射超过一定的强度(≥2毫高斯),才会对人体造成伤害,也成为电磁污染。尽管电磁辐射对人体会产生一些危害,但是,由于每个人的身体抵抗能力不同,因此,每个人会出现不同程度的症状。

在辐射源集中的环境中工作、学习和生活的人,容易导致头痛、失眠多梦、视力下降、记忆力减退、体虚乏力、免疫力低下、心律失常等,其癌细胞的生长速度比正常人快24倍。对人体生殖系统、神经系统和免疫系统造成伤害。对老人,尤其是装有心脏起搏器的患者。同时,也是心血管病、糖尿病和癌突变的主要诱因。

电磁辐射对女性的影响,可使生理功能下降,女性内分泌紊乱,月经失调。特别是对孕妇和胎儿影响更显著。对于孕妇可能导致流产,电磁辐射对胚胎而言,会阻止其早期细胞分裂,甚至造成细胞死亡,同时还会阻止胎盘的正常发育。科学研究表明,1～3个月为胚胎期,在此期间,若受到强电磁辐射有可能导致流产,也可能造成胎儿肢体缺损或畸形；4～5个月为胎儿成形期，电磁辐射可能损伤中枢神经系统，导致婴儿智力低下；6～10个月为胎儿成长期，其主要后果则是免疫功能低下，出生后体质弱，抵抗力差。

电磁辐射直接影响儿童的发育、骨骼发育，导致视力下降、视网膜脱离、肝脏造血功能下降。

第五节　生活中核辐射的防护

1. 日常生活中的核辐射防护及预防

日常生活中，我们能接触到或遇到的核辐射，有多种多样。例如，①无处不在的宇宙射线；矿场、建筑工地的探测仪；医院和科研院所的放射源；核电站泄漏事故、大理石建筑材料，甚至一些金银首饰类的物品等，这些都具有放射性，属于直接遭受放射性核辐射或称为外照射。②我们吃的食物、蔬菜叶子、饮用的水等，也会因为远处的燃煤厂、煤矿厂、核试验爆炸所产生的放射性灰尘，随着风雨飘落在其中，而被我们或多或少地摄入体内，这些物质进入人体，会造成内照射。

以上的各种放射性核辐射，如果达到一定的剂量，就会对人体造成伤害，我们必须做好防护和预防工作。

（1）对于前一种情况的防护

1）时间防护：不论何种照射，人体受照累计剂量的大小与受照时间成正比。接触射线时间越长，放射危害越严重。尽量缩短靠近放射源的时间，以达到减少受照剂量的目的。比如，需要到有"辐射警示标志"区域附近办事，切勿逗留时间太长。

2）距离防护：某处的辐射剂量率与距放射源距离的平方成反比，与放射源的距离越大，该处的剂量率越小。到50米距离时，辐射剂量几乎减少 50%。所以,在日常生活中,要尽量远离放射源,来达到防护目的。距离拉大 10 倍,受到的辐射就是原来的 1%,距离拉大 100 倍,受到的辐射就是 0.01%。

3）屏蔽防护：就是在人与放射源之间设置一道防护屏障。因为射线穿过原子序数大的物质（也就是密度比较高的物体,如铅块＞铁块＞水泥＞木板＞布匹）,会被吸收很多,这样达到人身体部分的辐射剂量就减弱了。设置防辐射屏,具有防辐射、防静电、防强光等多种作用。常用的屏蔽材料有铅、钢筋水泥、铅玻璃等。

4）防护服：这里所说的防护服,是指专业人员使用的防护服,十分笨重的。一般在日常生活中,没有能够遮挡核辐射的防护服。市面上所谓的防辐射外衣、马甲、围裙、孕妇装等,只能防电磁辐射,起到抗静电的作用,对核辐射几乎不起作用。

5）尽量少用或不接触大理石等天然矿石类建筑材料,尽量少佩戴一些重金属首饰。

6）外出归来,要脱去外衣,并在室外轻轻抖落外衣的灰尘,不要穿着外衣直接坐在床上或沙发上；外出归来后,最好沐浴、清洁头发、耳、鼻、眼。

（2）对于后一种摄入体内的放射性核辐射的防护

1）日常的食物、食品,尽量不要露天放置、存放,必须加盖有遮挡,防止灰尘飘落。尽管肉眼看不见,但还是可能有落下灰的。

2）尽量不要直接饮用河水,尤其是静止不动的河水。因为静止的河水水面上,极有可能漂浮着大量肉眼看不见的具有放射性的落下灰。

3）蔬菜一定要用水清洗干净,尤其是叶子上,要边冲洗,边用手擦抹。

2. 日常生活中可以抵御或抗核辐射的食物

在日常生活中,还可以选择吃一些抗辐射食物,如胡萝卜、蕨菜、豆芽、西红柿、油菜、海带、螺旋藻、卷心菜、瘦肉、动物肝脏等富含维生素 A、维生素 C 及蛋白质的食物。富含硒的紫苋菜、苹果、猕猴桃等果蔬中，也富含有抗氧化的维生素 C。此外，还可以多摄入一定量的番茄红素。番茄红素不仅具备抗辐射能力，且抗氧化能力也极强，番茄红素广泛存在于番茄、番石榴、西瓜、番木瓜、红葡萄等水果及蔬菜中，其中，番茄中番茄红素的含量相对较高，多存在于番茄的皮和籽中。

抗氧化剂如维生素 C、维生素 E、β-胡萝卜素、番茄红素、葡萄籽、虾青素等。

适当地摄入含碘的食物和药物碘片，也对抗核辐射有很明显的效果。

此外，常饮绿茶和菊花茶、银杏叶茶，这 3 种弱碱性的茶饮，也具有防辐射的效果。绿茶不仅有抗癌的效果，还可以清除体内的自由基，起到抗氧化作用。

第六节　日常生活中可能遇到的核与辐射恐怖事件及应对方法

核与辐射恐怖袭击是指通过核爆炸或放射性物质的散布，造成环境污染或使人员受到辐射照射，以危害社会、危害公众，来达成某种政治或经济目的暴力或暴力威胁行为。

以下简介日常生活中可能遇到的核与辐射恐怖事件及应对措施。

1. 日常生活中可能遇到的核与辐射恐怖事件

在世界范围内，上述各种核与辐射恐怖事件已发生多起，1999—2002 年，80 起；1999 年，9 起；2000 年，22 起；2001 年，6 起；2002 年，3 起。国际机构统计 1999—2000 年的核与辐射事件中，恐吓或恶作剧有 15 起;取得核组件、放射性物质有 7 起;企图获得核武器、核材料与放射源有 4 起;使用或施放含放射性钍、碘等物质有 11 起。这些事件所涉及的范围主要包含了恐怖组织可能实施核袭击的三大领域:即核装置、"脏弹"、袭击核设施(如核电厂等)。随着人们对核与辐射恐怖事件的重视,防范和手段的加强,近年来事件才有所减少。

日常生活中可能遇到的核与辐射恐怖事件大致如下。

（1）投放或散布放射性物质

恐怖分子可能在公共场所将粉末状或水溶性放射物投放或喷洒在食品厂或水源地、公共场所和重要街区等处,包括将放射物置于信件内邮寄给他人,形成放射性物质在人群中的扩散。恐怖分子也可能将放射源(或放射性物质)包装在小药瓶、鞋盒、行李箱或其他容器中,以徒步、骑自行车、驾驶摩托车或汽车等方式,将放射性物质散布在大气中、地面上,也可能投入水库、河流或其他水源中。该恐怖手段实施隐蔽,不易被发现,较易实施。恐怖分子制造这类散布事件的主要目的是制造社会恐慌,扰乱社会秩序。

在可能发生的各种核与辐射恐怖事件中,放射性散布事件发生的可能性是比较大的。据报道,有数百万枚放射源分布在世界各地,在我国也有放射源 10 多万枚。放射源管理中存在的安全隐患,特别是大量的闲置源、废弃源乃至失控源的存在,使得恐怖分子制作放射性散布装置具有更大的现实可能性。1987 年 9 月 13 日,巴西戈亚尼亚曾发生的一起涉及放射源的事故,当地一家私人放射线疗法研究所在未通知许可证授权机构的情况下,私自将一台铯-137(氯化铯)远距离治疗仪放在不安全的地方。两个不明真相的人将该治疗仪当做废品拿走,将外壳打开使内装的部分氯化铯流入环境,并将余下部分卖给当地废品收购商人。该商人 6 岁的女儿将一部分氯化铯涂满全身给家人跳舞,造成氯化铯继续向环境弥散。导致该地区环境受到严重污染,使几百人受到照射,从而在当地引发了一种奇怪的流行病。一周后官方才证实这次流行病为放射性同位素所导致,当时已有240多人受到内外部照射,其中4人死亡。

（2）利用"脏弹"进行袭击

脏弹的正式名称叫"散布放射性装置","脏弹"由普通炸药加放射性物质制成,它不产生核爆炸。当炸药被引爆时,爆炸时可将放射性物质扩散至周围地域。"脏弹"制造容易,技术含量低。废旧放射源和贫铀废料等是最易得到和被利用的放射性物质。为了制造恐怖效果,恐怖分子有可能选择城市的公共场所（车站、广场、大商场、娱乐场所等）作案,以造成人心恐慌和社会混乱。一般来说,利用放射性散布装置制造核与辐射恐怖事件,可能造成的人员伤亡情况相对要轻一些,但其严重后果是会造成极坏的公众心理社会影响。据报道,1995年,车臣叛乱分子将铯-137和一些爆炸物装入一个小瓶,将之放在莫斯科市中心的一个垃圾桶内。之后,他们没有引爆该装置,而是通知了当地媒体。

（3）利用核装置或小型核武器袭击政治、经济、军事及文化中心

恐怖分子可利用窃取、走私或粗制小型核武器或核爆炸装置,对机场、车站、银行、超市等重要建筑物和政府机关、居民区等政治、经济、军事及文化中心进行核恐怖袭击。

（4）袭击核设施

恐怖分子可利用导弹或爆炸装置（包括自杀式爆炸）袭击核设施。核设施有时也称核装置,它一般包括核电厂、核反应堆、核临界装置、铀水冶炼和转化厂、铀同位素分离厂、核燃料元件制造厂、核燃料后处理厂及独立的放射性废物处理装置或处置场（库）。我国的民用核设施有核电站、核燃料循环设施及研究堆等。此外还

有核武器仓库和核动力舰船等。

例如,2003 年,俄罗斯报报道,在离巴格达东南部 17 千米的地方有一个放射性废料仓库,其中储存有 500 吨使用过的浓缩铀,109 吨各种铀氧化物,1.8 吨粉末状低浓缩铀,6 吨贫铀及其他各种低放射性工业废料。美英的高精度武器经常失误。如果该仓库遭到袭击,大风和火苗将在短时间内将 50％的放射性废料带入大气层,重度污染面积将达 126 平方千米。同时,放射性灰尘和粉末将给南欧、高加索和中亚等地数百万人带来灾难性后果。

(5)小型核电磁脉冲弹

1994 年,俄科学家在法国波尔多博览会上兜售"德国啤酒罐",一种装有少量爆炸装置的手持式小型电磁脉冲武器,能摧毁小范围内的电子零件,如计算机、通信设备等,可使机场、铁路、银行、全国电网和石油天然气加工厂等工作处于瘫痪状态,对于这种电磁脉冲,钢筋混凝土都无法屏蔽之。类似装置如果被恐怖分子使用,造成上述要害部门电脑网络瘫痪的话,势必造成巨大的社会混乱。

2. 公众遇到核恐怖袭击时的应对方法

1)获取可信的关于突发事件的信息,并了解政府部门的决定、通知。不可轻信谣言或小道信息,然后,按照当地政府的通知,迅速采取必要的自我防护措施。

2)遭受核恐怖袭击后,不要前往污染严重的地区,根据当地政府的安排,选择未受污染的路线撤离污染区或相对安全的地方,远离辐射源;或者就待在屋里。

3)利用就近的建筑物进行隐蔽。待在屋里或迅速躲进屋里,最好是地下,等到可以安全离开时再出去。关闭门窗和通风设备(包括空调、风扇),当污染的空气过去后,迅速打开门窗和通风装置。

4）利用随身携带的湿毛巾、布块等捂住口鼻，防止或减少放射性灰尘的吸入；可用各种日常服装，包括帽子、头巾、雨衣、手套和靴子等包裹全身，以减少放射性物质沾染到皮肤。

5）如果觉得自己受到了放射性污染，而又没有条件去医院就医，那就尽快脱掉衣服并洗澡。不要把衣服带进屋里，因为那样有可能传播污染。可将受污染的衣服、鞋、帽等脱下存放起来，直到以后有时间再进行监测或处理。注意不要为了去除污染而延误撤离或避迁。

6）听从相关人员的指挥，决定是否需要控制使用当地的食品和饮水；不吃受放射性物质污染食物，以免间接吃进放射物。某些种类的放射线可通过大量饮水从体内冲刷掉。

7）及时报警，请求救助。

8）如果不处在核袭击杀伤范围之内，请远离遭袭击区域，如果可能最好待在上风方向，因为放射性颗粒会顺风而下。

（韩　玲　刘玉龙　曾倩倩　沈宇林）

第二章

核辐射污染的来源、防护及处理

核辐射污染,是指核武器爆炸、核反应堆事故及放射性核素在开采、提炼、加工、运输、储存和利用等过程中,放射性物质释放或播散,对空气、水源、土壤及环境(包括人类和动、植物在内)造成的沾染。

第一节 核污染来源

核污染一般来源于战时核武器和放射武器的使用,以及和平时期的核恐怖袭击、各类核反应堆事故和其他放射性物质泄漏事故。

核武器爆炸产生冲击波、光辐射、核辐射和电磁辐射 4 种杀伤破坏因素。其中的核辐射包括早期核辐射(也称瞬时辐射,为爆炸后 15 秒内存在的辐射)和剩余核辐射(15 秒以后仍存在的辐射)两类,射线主要由 α、β、χ、γ 和中子组成。从杀伤和对健康影响的角度,早期核辐射主要以 χ 和 γ 射线,以及中子造成的外照射为主;剩余核辐射则以释放 α、β 和 γ 射线的放射性核素造成的内、外照射为主。

裂变和裂变-聚变类型核武器爆炸产生的早期核辐射和剩余核辐射量都非常大。纯聚变弹(如中子弹)除在爆炸中心附近的地域和空域,一些被中子活化的稳定性核素能发出射线外,主要产生早期核辐射,而剩余核辐射污染非常轻微。由于射线在空气中传播容易被阻挡和吸收。因此,无论核武器的爆炸当量多大,早期核辐射的杀伤半径一般不会超过 4 千米范围。

核爆炸的剩余核辐射是形成放射性沾染的主要来源,主要由以下 4 部分组成。

1. 核裂变产物

铀核或钚核在裂变反应中分裂形成约 100 多种质量数从 66～172 的次级元素,共约 500 多种核素,其中放射性核素约 300 多种。放射性核素主要发射 α、β 和 γ 射线,半衰期长短不一,从数小时,数天至数月,甚至数十数百年都可能存在。每千吨 TNT 当量核装料的裂变武器爆炸产生约 60 克裂变产物,这些产物在爆炸后 1 分钟内具有的放射性活性约为 1.1×10^{21} 贝克。

2. 未裂变的核材料

第一和第二代裂变型核武器因技术和工艺的原因,裂变材料的使用效率相对较低,爆炸时许多铀和钚材料尚未来得及裂变就被炸散,成为剩余核辐射的重要来源之一。

3. 中子诱导的放射性活性

稳定性核素俘获一个中子后成为放射性核素,会在很长一段时间内释放 β 和 γ 射线。早期核辐射中的中子可引起武器残留物和环境物质(土壤、空气和水)中的稳定性核素活化。土壤中的钠、锰、铝、铁和硅等,空气中的氧和氮等非放射性核素受中子辐射,稳定性核素原子核俘获一个中子后便成为放射性核素,半衰期从数小时到数十年不等。因此爆心周围区域存在很强的感生放射性,属于危险区域。

4．局部落下灰

1）地面或水面爆炸，会引起大量泥土或水因爆炸能量向外扩散和高温火球膨胀被抽吸形成放射性云柱。这些物质与裂变产物、其他放射性沾染物或中子活化产物凝集在一起，形成直径大小不等的放射性颗粒，特别细小的颗粒会升至同温层随大气层运动散布到世界各地。大量直径为 0.1 微米至几微米的颗粒一般都聚集在爆炸云的表面。颗粒较大的尘埃升不到同温层，约在 24 小时内慢慢降落到地球表面，形成局部落下灰。局部落下灰的放射性沾染范围可延伸到很远，远超过核爆炸瞬间产生的冲击波和光辐射的杀伤效应范围，大当量核武器地面爆炸所产生的影响尤其典型。

2）水面爆炸形成的局部落下灰较少，但由于颗粒更轻更细以至于落下灰波及的范围比地面爆炸更广。海面核爆炸形成的落下灰（雨、海水）绝大多数为含水的盐颗粒，这些颗粒在空中可形成播散云，该云若遇降雨可引起严重局部沾染。

3）地（水）表面以下核爆炸会出现一种"基底巨浪"。水下核爆炸产生的巨浪是一种含少量放射性颗粒，具有流动性质的水滴云。地下核爆炸时，土壤中的泥土介质更容易形成地爆基底巨浪，巨浪中含有细小放射性固体颗粒，可像流体一样运动。

4）气象条件对落下灰，尤其是局部落下灰有很大影响。随大气流动，落下灰可大范围播散。例如，1954 年，美国在比基尼（Bikini）环礁上爆炸的一颗 15 兆吨当量的热核装置，形成的雪茄样放射性烟云使下风方向长约 500 千米、宽约 100 千米的地域受到严重沾染。放射性烟云上方局部若降雨（雪），可加速落下灰的沉降，造成局部区域的严重沾染。

裂变武器爆炸在土壤中活化的主要放射性核素及核裂变产生的主要放射性核素的放射性活度见表 2-1、表 2-2。

表 2-1　土壤中被活化的主要放射性核素及放射活度

核素	半衰期	放射性比活度（居里/百万吨）
钠-24	15 小时	2.8×10^{11}
磷-32	14 天	1.9×10^{8}
钾-42	12 小时	3.0×10^{10}
钙-45	152 天	4.4×10^{7}
锰-56	2.6 小时	3.4×10^{11}
铁-55	2.9 年	1.7×10^{7}
铁-59	46 天	2.2×10^{6}

注　1 居里＝37 吉贝克

表 2-2　每兆吨当量裂变产生的主要核素及放射性活度

核素	半衰期	放射性活度（百万居里）
锶-89	53 天	20.0
锶-90	28 年	0.1
锆-95	65 天	25.0
钌-103	40 天	18.5
钌-106	1 年	0.29
碘-131	8 天	125.0
铯-137	30 年	0.16
铈-131	1 年	39.0
铈-144	33 天	3.7

注　1 居里＝37 吉贝克

第二节　核反应堆事故

利用重核元素（通常是铀）的可控核裂变链式反应提供高通量中子和热能，是核反应堆的主要用途。通过控制核反应过程中中子的数量来控制铀核裂变链式反应的烈度,进而控制核反应堆热能的产生。由于核反应堆使用的铀燃料丰度较低,即使堆中铀核素裂变链式反应速率失控致堆芯产热过高,或堆内产热和冷却失去平衡,反应堆也不会发生类似裂变核武器样的爆炸,但裂变反应产生的高温有可能损坏或熔化核燃料棒的合金外壳,堆内持续高温和高压还可能使堆芯压力防护壳爆裂,致使核燃料和大量核反应放射性产物泄漏,造成严重人员伤亡和环境污染,如 1986 年的前苏联切尔诺贝利核电站事故和 2011 年的日本福岛核电站事故都存在堆芯因高温而溶化的情况。国际原子能机构根据核反应堆事故向外释放放射性物质的活度及事故影响的程度和范围,将事故定为 7 个等级(表 2 - 3)。

表 2 - 3　国际核反应堆事故分级

级别	名　称	事 件 性 质	实　例
7级	特大事故	大量长、短半衰期放射性核素释放(相当于几万太贝克(TBq)的碘 - 131)。此类释放可致急性人员损伤效应,大范围公众慢性健康效应和地区性长期环境破坏后果(1 T=10¹²)	1986 年的前苏联切尔诺贝利核电站事故和 2011 年的日本福岛核电站事故
6级	重大事故	向外释放的放射性相当于几千至几万太贝克的碘 - 131,所在地需要全面实施应急计划,以限制发生严重健康危害效应	1975 年的前苏联基斯迪姆后处理厂事故
5级	具有场外风险事故	向外释放的放射性相当于几百至几千太贝克的碘 - 131,当地需要部分实施应急计划,以减少造成健康危害效应的可能性。设施严重破坏,涉及堆芯损坏、火灾和爆炸	1957 年的英国温茨凯尔核反应堆事故和 1979 年美国三哩岛核电厂事故

（续表）

级别	名　称	事　件　性　质	实　例
4级	无明显场外风险事故	放射性物质向外释放，相关人群受到几毫希量级剂量的照射。除可能需要对食品进行管制外，一般不需要进行场外防护行动。1名或几名工作人员可能因受到过量照射而死亡	1973年的英国温茨凯尔后处理厂，1980年的法国圣诺朗核电厂和1983年的阿根廷布诺斯艾里斯临界装置的事故
3级	重大事件	放射性物质向外释放，相关人群受到十分之几毫希量级剂量的照射。一般不需要进行场外防护行动。工作人员可能因受到场内照射而发生早期急性健康损害	1989年西班牙范德略斯核电厂事件
2级	事件	安全措施明显失效，但仍有足够纵深防御应付进一步事件的发生。包括实际故障定为一级，但暴露出明显组织缺陷或安全文化缺乏的事件。造成工作人员受到超过规定年剂量限值的照射，或设施设计不应该出现放射性的区域出现放射性，不得不纠正的事件	无

　　切尔诺贝利核电站事故和日本福岛核电站事故都被定为7级特大事故。福岛核电站事故仅1～3号堆向大气中释放的放射性物质的放射性活度便达数百拍贝克（PBq，$1\,P=10^{15}$），其中仅碘-131和铯-137的放射性活度就分别达150 PBq和10 PBq，碘-131等量释放活度约为500 PBq（国际原子能机构规定7级事故水平的释放阈值约为50 PBq）。据当时的评估报道，2011年的日本福岛核电站事故碘-131释放量约相当于1986年的前苏联切尔诺贝利

电站事故的 1/10。最近又报道,福岛核电站事故各种放射性物质释放量约相当于切尔诺贝利电站事故释放量的 1/6。

与核武器爆炸不同,核电站事故早期核辐射主要以释放到大气中的裂变反应产物放射性碘和铯为主,两种核素都发射 γ 射线,为早期放射性检测的主要核素。因放射性碘的半衰期较短,后期放射性污染评估主要以检测空气和地面放射性铯为主,土壤或动、植物中核燃料铀或铀的核反应产物钚和锶亦可作为监测对象。

第三节　放射性播散武器

放射性武器,也称为放射性播散武器(Radiation Dispersal Weapon, RDWs)。这类武器以播散放射性物质造成人员、装备和地域沾染为目的。与核武器不同,放射性武器不是通过核反应产生放射性,而只是将放射性物质进行播散,受污染人员通过不断积累的剂量最终致伤或致命,其作用方式类似毒性化学物。任何人只要能得到放射性物质就有可能制造放射性播散武器。恐怖分子搞到核武器而进行破坏的可能性不大,但是搞到放射性武器的可能性还是有的,主要是因使用、保管单位保管不善,被恐怖分子或极端分子盗取。播散的方式可以是人工释放,投放,导弹、飞行器、大炮发射,或通过摧毁核设施、含放射物质的容器和放射性物质存放点等。放射性武器可以用于阻止或延缓人员进入或通过某些特定区域和部门,或通过使人摄入或吸入放射性物质或遭受外照射而致伤或致残,但这种方式造成人员损伤或致残所需要的剂量需要较长时间积累。因此,战术作用有限,实际危害不大。该类武器用于恐怖活动的目的主要是对民众和战士造成心理影响,或迫使军方转移大量资源去清除沾染和维持地方当局稳定。

制造放射性武器的放射性物质的来源包括许多方面,如医院放疗用的辐射源钴-60、铯-137、核电站的燃料棒铀-235 和钚-

239、放射成像和测量等用的实验室放射源钴-60、铯-137、铱-192和镭-226等长半衰期放射性核素。下列一种或多种放射性物质都可被用于制造放射性播散性武器。

1. 镅-241

镅-241由钚-241(半衰期为458年)衰变过程中产生的,主要发射α和γ射线,但γ辐射较低,无天然状态的镅-241。镅-241是日常使用较广泛的一种放射源,如制成镅-铍中子源;在湿度密度测量仪、化学报警器、含铅涂料分析器、许多烟尘探测器、轧钢和造纸过程中的厚度控制、石油工业中的探油等领域广泛应用。除非某一部位含有大量这种同位素,且工人经常在工作时与之密切接触,否则,这种放射源不易造成外照射损伤。

2. 碳-14

碳-14主要发射β射线,物理半衰期为5000多年。碳-14主要用于各种研究,如药物和生物代谢、农业示踪、污染控制和考古等领域。

3. 铯-137

铯-137主要发射γ和β粒子,物理半衰期为30年,生物半衰期为70～140天,在体内可被很快清除。铯-137可沉积在体内很多组织中,但主要在肌肉组织内凝集,其吸收方式和钾一样。肉食和奶制品是体内铯污染的主要来源。铯-137在医学治疗、测量和工业控制过程中都有应用。

4. 钴-60

钴-60发射γ和β射线,半衰期为5.26年。在辐照加工、消毒和改善工业燃油燃烧器的安全性和可靠性、医学治疗、食品辐照、测量和放射性照相等方面都有应用。

5. 碘-125

碘-125 在产生内转换电子过程中,发射 γ 射线,半衰期为 60 天。常用于临床甲状腺检查和诊断,也用于各种生物医学研究。

6. 碘-131

碘-131 发射 β 和 γ 射线,半衰期为 8 天。可被机体有效吸收和利用。主要凝集在甲状腺内。可污染牧草、空气,受污染影响的奶牛产出的牛奶中含大量碘-131。呼吸污染的空气也可少量吸收碘-131。在核爆炸和核反应堆事故的开始几天至几周内吸入碘-131 将会对健康造成很大影响。

7. 镁-钍合金

镁-钍合金中因放射性钍发射 α 射线。因此,镁-钍合金是放射性危害物质。许多飞行器和导弹构件中含大量镁-钍合金。过去高级照相设备的玻璃镜头中也含有放射性钍。因此,在一些事故中,放射性钍必需回收,并作为放射性废物处理。

8. 镍-63

镍-63 发射 β 射线,半衰期为 96 年。军用化学监测器(CAM)中镍-63 起重要作用。镍-63 发射的 β 射线不能穿透皮肤的角质层,但应防止该物质吸入和通过破损皮肤吸收。

9. 钚-239

钚-239 是一种重金属元素(原子序数 94),由中子轰击铀-238 而产生,半衰期为 24 000 年。钚-239 可用于核武器制造和作为太空船的核动力。

10. 氚（氢-3）

氚是氢的同位素，具有一个质子和两个中子。氢的另两个同位素是普通的氢（一个质子，无中子）和氘（氢-2）（一个质子和一个中子）。氘没有放射性，氚发射一个低能 β 粒子，物理半衰期为12.26 年。元素氢（H^3）相对不活跃，因此掺入分子氢中的氚（HT）也不活跃。

11. 锶-89 和锶-90

锶-89 和锶-90 是 β 发射体，半衰期分别为 51 天和 28 年。

第四节　天然存在的主要内照射 危害放射性核素

1. 镭

镭是铀家族的成员，半衰期为 1600 年，衰变的子体为氡，一种惰性气体。氡又可继续衰变。镭多用于测量显示和车辆中的刻度盘。

2. 氡

氡是一种源自铀衰变链的无色、无味、无嗅的气体。地下岩石、矿产、水源和土壤里的氡可通过各种途径逸出地面，散布到室内和室外空间。一个放射性氡核素经过衰变可产生 4 个 α 粒子、4个 β 粒子，并伴随若干个 γ 射线发射。因此，氡被认为是毒性最大的内照射核素。若室内通风不良，造成氡的积累可影响人员健康。吸入大量含氡气体，氡及其子体产生的辐射可致肺部损伤，这也被认为是导致矿工肺癌的重要原因。在高氡地区（如氡含量大于4～

8 pCi/升)进行检测时应采取适当的防护措施。

第五节 核辐射污染的防护与处理

防护和处理核辐射污染涉及面广,是一项复杂的系统工程。从防止污染发生的角度而言,首先,应禁止核武器或放射性武器的使用;其次,要提高核能的和平应用过程中设备的安全设计水平,健全安全运行管理和监督机制,建立有效事故防护机制,制定有效的防救措施,避免各种情况下放射性物质的过量释放和泄漏。从防护和处理的角度而言,首先,核污染事故发生后,应迅速运用各种可能的污染侦测手段,对地面、空气和水源的放射性污染程度、范围、核素和射线的种类、相应的剂量和剂量率作出明确和准确的判断,并根据情况分析预测污染可能的发展趋势和积累剂量;其次,根据侦测和预测分析,科学合理地迅速组织动员可能受严重污染地区人员的撤离和重要物资的转移,提醒可能受轻度污染,但不需转移的民众采取有效防范污染的措施;最后,应采取迅速、可靠、有效的防护手段,包括向救援者和公众发放辐射损伤防护药物,限制人员进入严重污染地区,对严重污染地区撤离的人员和物质进行清除沾染作业,采取各种快速、有效清除污染和降低辐射水平的措施(在此过程中,应严格遵守各类放射性沾染清除标准和人员受照剂量限制值),及时向公众发布有关污染和清除污染的各类信息,应用干、湿洗消清除辐射污染,将污染物集中处理,并设计标志,以免再污染。作好心理疏导,以消除顾虑、降低恐惧等,将放射性污染对人类健康及生存环境的影响降到最低。

(闵 锐)

第三章

外照射辐射损伤及其防护

第一节　外照射简介

外照射是各种射线从体外对人体的照射(图3-1),它是相对于内照射而言的。例如,平时治疗肿瘤用的钴-60治疗机和X射线对人体的照射等,以及战时核武器使用所造成的辐射。

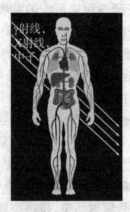

图3-1　外照射

在日常生活中,人们也会受到射线的外照射。各种射线的穿透能力如图3-2所示。具有较强的穿透力的射线才能从体外穿透人体组织作用于人体。例如,γ射线、中子、X线等射线,穿透力较强。在日常生活中,当人们接触到这些射线时,可导致外照射损伤。

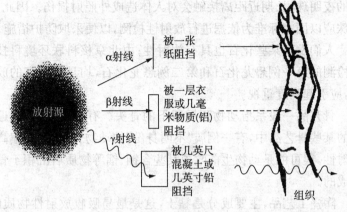

图 3 - 2 各种射线的穿透能力

1. 宇宙射线

人们在日常生活中,即使是坐在家里,也可能会受到天然存在的宇宙射线的照射。但不会造成人体的严重损伤。

2. 放射检查与治疗

人们去医院体检时,做胸部 X 线透视、影像检查、CT 扫描,或做放射治疗时,也会受到 X 射线外照射,但通常不会超量。

3. 一些家居饰品也具有放射性

矿石具有放射性。某些用不同石材雕刻而成的石雕、大理石等,也具有放射性。其放射性取决于所用岩石的材料和矿床情况。

奇石来源多路,其放射性相差很大,在检测过程中已发现有放射性偏高的鹅卵石。

此外,某些种类的夜明珠具有放射性。一种由萤石加工而成的夜明珠具有放射性,其放射性也有大有小;一种是由某些含磷物质加工而成的夜明珠,具有一般的放射性。另一种具有较强放射性的夜明珠,长期近距离接触会对人体造成外照射损伤。因此,夜明珠应以国家标准为依据进行放射性检测,以便采取防护措施。

人们发现某些化石也具有放射性;由北京核科联环境科技中心检测的第一例恐龙化石和第二例恐龙化石,均具有较高的放射性,应引起高度重视。

骨艺品一般系指动物死后留下的骨头。有文献报道,最近检测的某些骨艺品中,有一例属"不明身份"的动物脊椎骨,有偏高的放射性,很可能是动物生前吃了某些含铀、镭等物质后沉积于骨骼造成的。

陶瓷工艺品,主要成分是黏土,这是最易吸收放射性物质的。所以,它的放射性高低取决于所用黏土放射性的高低。

一般来讲,除纯金(24K)首饰以外,其他首饰在制作过程中都要惨入少量钢、铬、镍等,特别是那些光彩夺目的或廉价合成的首饰制品,其成分更加复杂。据报道,美国专家在检验了几千件首饰后发现,其中有近百件含有放射性物质,如果长期佩戴,有可能诱发皮肤病或皮肤癌。因此,常戴的首饰制品,最好进行内含放射性物质的测定。

4. 核与辐射事故导致的外照射

在发生核电站核事故、核武器爆炸、放射源和(或)辐照装置事故、医源性照射事故,以及核与辐射恐怖袭击事件,将产生的大量γ射线辐射,导致外照射损伤。

第二节　外照射损伤的特点

1. 外照射所导致的疾病

外照射主要导致人体的急性放射病、急性皮肤放射损伤和慢性放射病。

（1）急性放射病

大剂量（≥1 戈瑞）全身均匀外照射，可导致急性放射病。这是一种全身性疾病。例如，1963 年 1 月 11 日，发生在我国的三里庵事故，一儿童钓鱼时发现塘内一铅罐，铅罐螺丝松脱，他从中取出放射源。玩耍后放人鱼篓中，后又取出放入上衣口袋。回家后即发生呕吐等身体不适症状，放射源在家共放置 212 小时，全家 6 人均受到不同程度的照射，后确诊为急性放射病，其中 2 个死亡。

（2）急性皮肤放射损伤

大剂量的局部外照射可导致身体受照射部位的局部组织或皮肤损伤。例如，大剂量局部放射治疗肿瘤，导致受照射局部皮肤溃烂（图 3-3）。

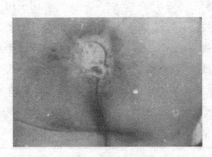

图 3-3　放疗 3 个月后溃疡深达骶骨

（3）慢性放射损伤

小剂量长时间外照射，则可导致人体慢性放射损伤，症状不明显。

2. 外照射辐射损伤的主要特征

（1）急性放射病

急性放射病（acute radiation disease）是机体在数秒至数日内，

全身或身体的大部分受到大剂量电离辐射，即累积剂量＞1戈瑞，所引起的全身损伤性疾病。引起急性放射病的主要射线是γ射线、X射线和中子。照射方式，以外照射为主，极少数情况下也可能由内照射引起。

1) 分型分度：根据机体受照射剂量的大小、病理变化和临床表现的特点，目前大多数倾向将急性放射病分为骨髓型、肠型和脑型3型。根据受照射剂量的大小将骨髓型急性放射病分为轻度、中度、重度和极重度四度（表3-1）。

表3-1　人急性放射病分型分度的剂量范围

分型和分度	照射剂量（戈瑞）
骨髓型	1～10
轻度	1～2
中度	2～4
重度	4～6
极重度	≥10
肠型	10～50
脑型	≥50

2) 临床表现特征：

A. 初期症状：急性放射病的初期临床表现特征如表3-2所示。

B. 假愈期症状：假愈期的长短是病情轻重的重要标志，中度放射病假愈期可持续3～4周，重度为2～3周。

中、重度急性放射病患者假愈期开始于照后2～4天，初期症状缓解或基本消失，患者除稍感疲乏外，一般无特殊主诉，精神尚好，食欲基本正常。在假愈期末，患者外周血白细胞下降至2×10^9/L及以下，并出现皮肤、黏膜出血和脱发，被看作是极期的先

表 3-2　急性放射病初期临床表现特征

分型(度)		初期反应	剂量界限值(戈瑞)
骨髓型	轻度	乏力、不适、食欲减退	1.0
	中度	头昏、乏力、食欲减退、恶心、呕吐	2.0
	重度	多次呕吐、可有腹泻	3.5
	极重度	多次呕吐、腹泻、休克	5.5
肠型		频繁呕吐、腹泻严重、腹痛	10.0
脑型		频繁呕吐、腹泻、休克、共济失调、肌张力增高、震颤、抽搐、昏睡、定向和判断力减退	50.0

兆,标志着极期即将开始。出血首先见于口腔黏膜和胸部、腋窝或足底等处皮肤。脱发开始前 1~2 天患者常感头皮疼痛,然后头发开始脱落。

极重度急性放射病患者假愈期不明显。初期症状持续 2~3 天后有所减轻,7~10 天即转入极期,很快呈衰竭状态。有的病例也可能直接转入极期,没有明显的假愈期。

肠型放射病假愈期很短,为 3~5 天。此时初期症状暂时缓解,多数患者在呕吐停止以后仍有疲乏、衰弱和食欲减退等。

脑型放射病发病急速,症状严重且变化快,病程从数小时至 2 天,无明显的假愈期,仅有短时间的症状缓解。

C. 极期症状:极期是急性放射病病情最严重、造血损伤发展到最重的时期,患者此时血细胞降到最低值,并发感染和出血,同时伴有胃肠功能紊乱、中枢神经系统症状和代谢失调,是患者生存与死亡的关键时刻。

进入极期的主要标志是体温升高、食欲减退、呕吐、腹泻和全身衰弱。中重度急性放射病极期的主要临床症状如下:

感染并发症:口咽部常是最早出现感染灶的部位。如牙龈炎、咽峡炎、扁桃体炎、口腔溃疡、口唇糜烂或溃疡等,因而可出现局部疼痛、张口进食困难等症状。内脏器官方面可出现肺部、肠道和尿路的感染。当白细胞降至 $2×10^9/L$ 及以下时,局部的感染很易扩散而引起全身感染,发展成菌血症、败血症、毒血症和脓毒血症。此时患者感到不适、畏寒,而后体温突然升高,可为39～40℃。

由于长期应用抗生素治疗,体内菌群失调,重度以上患者还易并发肺部等部位的霉菌感染和病毒感染。患者长期发热不退,使病情恶化。

出血症候群:中度患者多为轻度和中等程度出血,皮肤出血呈针尖样或斑片状;部分患者亦可仅有出血倾向。重度以上的患者,常发生严重出血,可见便血、尿血、咯血、呕血,以及不易察觉的颅内出血和胸、腹腔出血,女性患者还可有子宫出血。出血可遍及全身各部位,其危害与出血量和出血部位有关。重要脏器的出血或大量出血也是极期死亡的原因之一。

消化道症状:进入极期以后,患者又出现食欲减退、恶心、呕吐等消化道症状。重度患者可出现拒食,严重呕吐、腹泻,还可出现腹胀、腹痛、鲜血便或柏油便,甚至可发生威胁生命的并发症,如麻痹性肠梗阻、肠套叠等。其原因是患者胃肠道黏膜层和黏膜下层发生出血、充血水肿,甚至整段肠壁弥漫性出血,常在出血处形成感染坏死的溃疡。

脱发:极期中患者头发可成束地脱落,重度病例或头部受大剂量照射者,头发可在 1～2 周内脱光。

D. 恢复期症状:中重度急性放射病患者在照射后5～8周开始进入恢复期。患者在该期自觉症状日渐减轻或消失;出血停止并被吸收,体温恢复正常;精神和食欲也逐渐好转。部分患者在极期末(照后 3～4 周)骨髓造血功能开始恢复。

患者毛发在照后 2 个月起开始再生,并且可恢复正常或较照前更稠密。

性腺损伤恢复比较慢,尤以睾丸为甚。精子数下降的顶峰在照射后7~10个月,多数患者在照后1~2年才恢复生育能力。但受到较大剂量照射者,也可能造成长期生育障碍或永久性绝育。

（2）急性皮肤放射性损伤

急性皮肤放射性损伤是局部一次或短时间(数日)内多次受到>5戈瑞的照射所引起的皮肤损伤。通常病情轻重分为三度,病程分为四期(表3-3)。多数是由乙种射线引起,也可以是丙种及X线大剂量局部辐射所致。

表3-3 急性皮肤放射损伤主要临床表现

分度	初期反应期	假愈期	反应期	剂量(戈瑞)
Ⅰ	红斑	2~6周	红斑、脱毛	>5
Ⅱ	红斑、麻木	1~2周	红斑、水疱	>10
Ⅲ	红斑、麻木 瘙痒、水肿	数小时 至1周	溃疡、坏死	>15

（3）慢性放射病

慢性放射病是指人体在较长时间内连续或间断受到超过当量剂量限值的电离辐射作用,所引起的多系统损害的全身性疾病。慢性放射病可以由外照射引起,也可以由内照射引起。这里主要介绍外照射慢性放射病。

慢性放射病的常见症状有疲乏无力、头昏头痛、记忆力减退(尤其是近期记忆力减退)、睡眠障碍、多梦、易激动、好出汗、容易感冒等。部分患者还有食欲下降、恶心等。男性患者还可能有性欲减退、勃起功能障碍(阳痿);女性则可能有经期延长、周期缩短,或月经量减少,甚至停经或提前闭经。部分患者还可主诉有骨和关节疼痛,其特点是疼痛部位不确切,与气候变化无一定关系。

第三节　外照射辐射损伤防护及应急救治

1. 受到射线外照射时的处理

1）立即离开可能的辐射现场或辐射源。

2）尽快去医院进行体格及实验室检查。

3）无就医条件者，立即休息，大量饮水，利用一切身边条件补充维生素，增加抵抗力，并尽快就医。

4）如有呕吐或腹泻，在进行止吐止泻的同时，应及时就医。

2. 判断受到射线外照射辐射损伤的简易方法

1）根据以下症状判断自己是否全身或身体大部分受到超过 1 戈瑞剂量的照射或可能受到的剂量（照后数小时（1～3）小时内），可出现症状：①恶心：＞1 戈瑞；②呕吐：＞2 戈瑞；③多次呕吐：＞4 戈瑞；④上吐下泻：＞6 戈瑞；⑤腮腺肿痛：＞8 戈瑞。

肠型放射病：多次呕吐，严重腹泻。

脑型放射病：一小时内频繁呕吐、神经系统症状。

2）根据以下症状判断自己皮肤可能受到照射的剂量（照后几小时或几天内），可出现症状：①皮肤出现红斑：≥5.0 戈瑞；②皮肤出现红斑、麻木感：≥10.0 戈瑞；③皮肤出现红斑、麻木、瘙痒、水肿：≥10.0 戈瑞。

3. 平时及发生核或放射事故时的外照射应急防护

（1）平时对外照射防护的基本方法

1）时间防护：缩短受照射时间。对于从事核辐射方面的专业人员应提高工作熟练程度,缩短与射线接触的工作时间。在有异常辐射的环境中停留时间要短。乘坐车辆通过辐射污染区比徒步通过受照剂量可减少 30％～60％,还可缩短在污染区的通过时间。

2) 距离防护:对于点源,某一位置的辐射剂量率与该位置与放射源的距离的平方成反比,再加上空气的吸收,人离开放射源越远,人体受到的辐射剂量率就越小。因此,与放射源的间隔距离要大,尽量避免到有射线的地方去。这些地方包括医院的放射检查和治疗场所,有辐射的科研实验场所,射线本底比较高的地区,海拔较高的地区及高空等。在放射性核素生产工厂,常用机械手、长柄钳等取用、分装放射源。核医学科由于常用的放射性核素剂量较小,能量一般不高,活度较强的核素发生器等都有铅屏蔽,现在有的工厂已生产供核医学临床使用的带铅外套的注射器及带铅外壳的放射性药物试剂盒,所以可以直接用手操作。除非有必要,无执勤任务的人员应远离放射源和不进入放射性污染区。

3) 屏蔽防护:在人体与放射源之间设置屏蔽,使射线逐步衰减和被吸收是一种安全而有效的措施。利用所有可以利用的物体屏蔽射线,能屏蔽多少就屏蔽多少。屏蔽 X 线、γ 线常用铅、钨等重元素物质作屏蔽材料,墙壁可采用钢筋混凝土。也可利用建(构)筑物和大型车、船体对贯穿辐射的屏蔽性能。隐蔽在单层砖土房内所受剂量仅为户外的 1/16～1/5,房屋的里间的屏蔽性能优于外间的,墙角处优于屋正中,更优于门后。β 射线常用有机玻璃、铝、塑料等低原子序数物质作屏蔽材料。

(2) 发生核或放射事故时的外照射应急防护

1) 个人防护动作:当遇到核事故或放射事故时,来不及隐蔽的人员,要做到沉着镇静。听到核事故或放射事故警报时,应立即进入邻近工事,或利用地形地貌迅速疏散隐蔽。

遇到核袭击时,发现闪光,应立即采取下列防护行动。防护效果取决于防护动作的迅速、果断和正确。①利用地形地貌,应迅速利用地形地貌隐蔽。如土丘、土坎、沟渠、弹坑、树桩、桥洞、涵洞等均有一定防护效果。②背向爆心就地卧倒,当邻近既无工事又无可利用的地形地物时,在开阔地面的人员,应立即背向爆心就地卧倒。同时应闭眼、掩耳,双手垫胸下,头面部夹于两臂之间,用衣物遮盖面部、颈部、手部等暴露部位,以防烧伤。当感到周围高热时,应暂时憋气,以防呼吸道烧伤。③避免间接损伤,室内人员应避开门窗玻璃和易燃易爆物体,在屋角或靠墙(不能紧贴墙壁)的床下、桌下卧倒,可避免或减轻间接损伤。

2)简易器材防护:用任何可以挡住射线的物体,如砖石,木头及铁锅、铁铲等金属物品,遮盖身体躯干有骨骼的部位,可减轻核辐射对造血的损伤。

3)大型兵器防护:装甲车辆、舰艇舱室等均为金属外壳,具有一定的厚度和密闭性能,能有效地屏蔽射线,对 χ 及 γ 核辐射有一定的削弱作用。但若内部着火,可引起间接烧伤。

4)对外照射的应急防护措施:

A. 缩短在事故发生区域通过和停留的时间:公众尽可能避免进入事故发生区域。事故救援人员在保证完成任务的前提下,应尽可能缩短在事故发生区域停留的时间。必要时采取轮流作业法,控制个人受照射剂量。当需要通过事故发生区域时,应选择较窄的、道路平坦的、辐射级别较低的地段通过,或乘坐车辆通过,以缩短通过的时间。

B. 延迟进入事故发生区域:事故救援人员进入事故发生区域的时间越往后延,地面辐射级别越低,人员所受外照射剂量就越小。所以在条件许可时,人员应推迟进入事故发生区域。

C. 利用屏蔽防护:在事故发生区域的人员应尽可能进入工

事、民房、车辆、大型兵器内,或利用地形地物屏蔽防护,减少受照剂量。

D. 清除地表的污染物:在需要停留处及其周围,铲除直径为6米的面积的表层土壤,其中心位置的辐射级别可降低一半以上。

E. 应用辐射防护药物:因任务需要而进入事故发生区域的人员可能受到超过战时控制量的照射,尤其有可能超过1戈瑞剂量时,应事先应用辐射防护药物。从事故发生区域撤出的人员,如已受到较大剂量照射者,也应尽早应用辐射防护药物,可以减轻辐射损伤。

4. 核与辐射事故外照射辐射损伤的急救

（1）现场抢救

现场抢救时为保护自己和被抢救者,若现场辐射水平较高,应首先将伤员撤离事故现场,然后再进行相应的医学处理。实施抢救时,先根据伤员的伤情做出初步(紧急)分类诊断。对危重伤员应立即组织抢救,优先进行紧急处理,应着重注意以下几点。

1）灭火:应相互帮助灭火,如脱去着火的衣服,用雨衣覆灭等。不要张口喊叫,防止呼吸道烧伤。

2）抗休克:大出血、胸腹冲击伤、严重骨折及大面积中、重程度烧伤、冲击伤的病员容易发生休克,可给予镇静、止痛药物,或用其他简易的防暑或保温方法进行防治,尽可能给予口服液体。

3）防治窒息:严重呼吸道烧伤、肺水肿、泥沙阻塞上呼吸道和昏迷伤员出现舌后坠时,均可能发生窒息。应清除伤员口腔内泥沙,采取半卧位姿势,将舌牵引出来,加以预防;已发生窒息者,要立即做气管切开,或用大号针头在环甲膜处刺入,以保持呼吸道畅通。

对无危及生命急症而可延迟处理的伤员,经自救、互救和初步除污染后,应尽快使其离开现场,并到紧急分类站接受医学检查和处理。需紧急处理的伤员在清醒、血压和血容量恢复和稳定后,及时做去污处理。有手术指证的伤员应尽快作早期外科处理,无手术指征的按可延迟处理伤员的处理原则和一般程序继续治疗。

（2）可延迟处理伤员的处理原则与一般程序

1）进入紧急分类站前,应对全部伤员进行体表和创面放射性污染测量,若污染程度超过规定的控制水平,应及时去污直至达到或低于控制水平。

2）根据具体情况,酌情给予稳定性碘或抗放射药物。

3）询问病史时,要特别注意了解事故时伤员所处的位置和条件(如有无屏蔽物,与辐射源的距离,在现场的停留时间,事故后的活动情况等)。注意有无听力减退,声音嘶哑,皮肤红斑、水肿,头痛,腹痛、腹泻,呕吐及其开始发生的时间和次数等。受照人员尽可能每隔 12～24 小时查一次外周血白细胞数及分类,网织红细胞和淋巴细胞绝对数。

4）条件许可时,可抽取静脉血做淋巴细胞培养,留尿样、鼻拭物和血液标本等作放射性测量;收集能用作估计伤员受照剂量的物品(如个人剂量仪)和资料(包括伤前健康检查资料)等,以备日后作进一步诊断的参考依据。

5）伤员人数较多时,那些临床症状轻微、白细胞无明显升高和白细胞分类无明显左移、淋巴细胞绝对值减少不明显的伤员不一定收入医院观察,但须在伤后 12 小时、24 小时和 48 小时到门诊复查。临床症状,特别是自发性呕吐、皮肤红斑和水肿较重,白细胞数明显升高和白细胞分类明显左移、淋巴细胞绝对值减少较明显的伤员须住院治疗和观察,并应尽快后送到二级医疗救治单位。

6）伤情严重、暂时无法后送的伤员继续留置抢救,待伤情稳定后再根据情况处理。疏散被照射的患者,一般不需要特别防护,但应避免有的患者可能造成污染扩散,特别是在核设施现场没有进行全面辐射监测和消除污染的情况下。带有隔离单可隔绝空气的多用途担架、内衬为可处理塑料内壁的救护车等,是运送被污染人员最理想的设备。

临床症状明显的患者可给予对症处理,但应尽量避免使用对淋巴细胞计数有影响的药物(如肾上腺皮质激素等),防止对诊断指标的干扰。体内放射性污染超过规定限值时,应及时采取促排措施。

第四节　日常生活中的外照射防护的小窍门

(1) 增强体质

加强锻炼,注意饮食均衡,多饮水,多吃一些水果、蔬菜,以增强自身免疫力。

(2) 注意个人卫生

室内适当通风;外出戴口罩,回家后要洗澡;注意外衣的清洁。

(3) 避免医疗照射

尽量少做 X 线、CT、核磁共振等的检查。

(4) 避免进入辐射场所

尽量少去或远离有"防辐射标志"的场所。

(5) 注意家庭装潢的选材

家庭装潢,尽量少用或不用矿石类的材料。

(韩　玲　刘玉龙)

第四章

医疗性核辐射损伤防护及核事故应急

第一节 医疗核辐射对人类健康的影响及防护

1. 来自外太空的高能粒子分分秒秒在流动

我们生活的地球因重力关系而围绕着一层混合气体,是地球最外部的气体圈,主要成分为氮、氧、氩、二氧化碳等。由于地心引力的作用,几乎全部的气体集中在离地面 100 千米的高度范围内,其中 75% 的大气又集中在地面至 10 千米高度的对流层内。而据地面 3000 千米的散逸层外即为虚空区域,仅含有密度极低的物质。

外太空的高能粒子:包括来自深太空与大气层撞击的粒子,即初级宇宙射线、超高能宇宙射线、银河宇宙射线、河外星系宇宙射线、太阳高能粒子及反物质。来自外太空的带电高能次原子粒子可能会产生二次粒子穿透地球的大气层和表面。

大约 89% 的外太空高能粒子是单纯的质子或氢原子核,10% 是氦原子或 α 粒子,另外 1% 则是重元素,这些原子核构成外太空高能粒子的 99%。孤独的电子构成其余 1% 的绝大部分,γ 射线和超高能中微子则只占极小的一部分。但太空来源高能粒子大致可以分为两类:原生和衍生粒子。来自太阳系外的天文物理产生的原生射线;这些原生射线和星际物质作用产生衍生(二次)射线。

太阳在产生闪焰时,也会产生一些低能量的射线。在地球大气层外的原生射线,确实的成分取决于观测能量谱的哪些部分。一般情况下,高能粒子的 90% 是质子,9% 是氦核和大约 1% 的电子。氢和氦核的比例(质量比氦核是 28%)大约与这些元素在宇宙中的元素丰度(氦的质量占 24%)相同。其余丰富的部分是来自于恒星核合成最终产物的其他重原子核。衍生射线包含其他的原子核,他们不是丰富的核合成或大爆炸的最终产物,原生的锂、铍和硼这些较轻的原子核出现在射线中的比例远远大于在太阳大气层中的比例(1∶100 个粒子),被发现的锂、铍和硼原子核的能谱比来自碳或氧的更为尖细,这个暗示有少数的宇宙射线散裂是由更高能量的原子核产生的,推测大概是因为他们是从银河的磁场逃逸出来的。散裂也对宇宙射线中的钪、钛、钒和锰离子等的丰度负责,他们是宇宙射线中的铁和镍原子核与星际物质撞击产生的。

粒子能量的多样化显示高能粒子有着广泛的来源。这些粒子的来源可能是太阳(或其他恒星)或来自遥远的可见宇宙,由一些还未知的物理机制产生。高能粒子的能量可以超过 10^{20} 电子伏特(eV),远超过地球上的粒子加速器可以达到的 10^{12} 电子伏特～ 10^{13} 电子伏特。

高能粒子对宇宙中锂、铍和硼的产生,扮演着重要的角色,它们也在地球上产生了一些放射性同位素,例如,碳- 14。在粒子物理的历史上,从外太空高能粒子中发现了正电 μ 子和 π 介子。来自外太空的高能粒子也造成地球上很大部分的背景辐射,由于在地球大气层外和磁场中的射线是非常强大的,因此对维护航行在行星际空间的太空船上太空人的安全,在设计上有重大的影响。

2. 大自然中的辐射时时刻刻在进行

环境中的辐射是持续存在的,可以是源自人为排放或自然存在的辐射,即为本底辐射。包括来自食物和水、地上的物体及其他建筑材料等，以及来自地壳内经过放射性衰变散逸至大气层内的氡，随后的衰变会使大气层内的灰尘和微粒都带有辐射。放射性物质来自全球各地，它出现在自然的土壤、岩石、水、空气和植被中。与地球的辐射有关的主要放射性核素通常是低放射性的，如钾和碳的同位素，或是罕见但极具放射性的元素，如铀、钍或镭和氡。这些来源有许多因为放射性衰变，从地球诞生时就开始减少，所以现在没有太多的数量留存。因此，现在地球上仍活动的铀-238，因为45亿年的半衰期仅有当初的一半多，而半衰期12.5亿年的钾-40的活动只剩下原来的8%。这些同位素的活动（由于衰变）对人类的实际影响非常小，因为人类发展的历史在最近的活动，相较于数十亿年的半衰期只占了很小的一部分。换个说法，是人类的历史太短，相对于数十亿年的半衰期，这些长寿的同位素活动在这颗行星上已经持续不断地在进行着。另一方面，许多短半衰期的同位素，比起强度更高的放射性同位素，却未在地球的环境中衰减殆尽，这是因为自然界不断的创造它们。像是碳-14（宇宙成因）、镭-226（铀-238衰变的产品）、氡-222（镭-226衰变的产品）。

一些组成人体的基本元素，主要是钾和碳，同样具有放射性同位素，会使我们的本底辐射量增加而变得更为明显。平均一个人的体内有30毫克的钾-40和大约10纳克（10^{-8} g）的碳-14。来自外部的放射性物质，不包括内部的污染，人体从生物体吸收的内部辐射暴露量最大的就是钾-40，每秒钟大约有4000个钾-40原子核衰变，使钾原子的衰变成为辐射数目的最大来源。

3. 无时无刻不在的辐射对人类健康的影响

辐射是由放射性元素产生的，比较常见的有两种，一种是天然本底辐射，比如上面提到的宇宙射线和天然放射性核素，大气、水、石材都会有，这种辐射一般对人类没有什么危害；另一种则是与核相关的活动引起的辐射,主要包括医疗照射(接受 X 线诊断检查及一些放射治疗等)、核爆炸和核动力所产生的辐射。

辐射在自然界是一个相当普遍的现象,很多食物含有天然放射性物质,因为含量甚微,实际上对人体是无害的。此外,医疗、交通和日常生活,我们也会多多少少受到各种辐射。但是,对人体危害最大的放射性污染,并非来自于核武器或核试验,因为这些武器或试验是受到严格控制的,不会轻易对人体造成危害。真正值得人们警惕的,却是那些时刻伴随在人们身边的放射性材料,如医院的 X 线摄片、夜光手表和一些建筑材料等。它们虽然辐射强度很小,但作用于人体的时间长,是在不知不觉中对人体产生作用的。比如手机、计算机和电磁波等,在接收信号时,会产生极微量的辐射污染,如果这种辐射连续作用于人体,就会引发一系列生物病变,如头痛、多汗、易疲劳和记忆力衰退等。

4. 医用核素的分类

医用放射性核素按生产来源可大致分为以下几种类别:

1) 加速器能加速质子、氘核、α 粒子等带电粒子,这些粒子轰击各种靶核,引起不同核反应,生成多种放射性核素。

医学中常用的加速器生产的放射性核素有:碳-11(^{11}C)、氮-13(^{13}N)、氧-15(^{15}O)、氟-18(^{18}F)、碘-123(^{123}I)、铊-201(^{201}Tl)、镓-67(^{67}Ga)、铟-111(^{111}In)等。

2) 反应堆是最强的中子源,利用核反应堆强大的中子流轰击各种靶核,可以大量生产用于核医学诊断和治疗的放射性核素。

医学中常用的反应堆生产的放射性核素有:钼-99(^{99}Mo)、锡-113(^{113}Sn)、碘-125(^{125}I)、碘-131(^{131}I)、磷-32(^{32}P)、碳-14(^{14}C)、氢-3(^{3}H)、锶-89(^{89}Sr)、氙-133(^{133}Xe)、铼-186(^{186}Re)、钐-153(^{153}Sm)等。

3) 核燃料辐照后产生 400 多种裂变产物,有实际提取价值的仅十余种。

在医学上有意义的裂变核素有：钼-99(^{99}Mo)、碘-131(^{131}I)、氙-133(^{133}Xe)等。

4）放射核素发生器是从长半衰期的核素（称为母体）中分离短半衰期的核素（称为子体）的装置。放射性核素发生器使用方便，在医学上应用广泛。

医学中常用的发生器有钼-99-锝-99m发生器、钨-188-铼-188发生器、锶-82-铷-82发生器、铷-81-氪-81m发生器等。

5. 医学检查存在的辐射风险

医院内包括核医学科、放射科包括X线摄片、计算机X射线断层扫描技术（CT）、数字减影血管造影（DSA），以及放疗科等均是使用各种射线来为患者诊断与治疗疾病的。

其中，电离辐射包括外照射和内照射。外照射是指从体外接受的核辐射，如钴-60、X射线、α射线、β射线、γ射线等。内照射是指人体通过吸入、饮入、食入及注射等途径使体内有放射性物质，以其辐射能产生生物学效应者。内照射的效应以射程短、电离能力强的α射线、β射线为主。

根据电离辐射对人体产生的效应损伤，可分为局部照射效应和全身效应；电离辐射的早期效应和远期效应；躯体效应和遗传效应；确定性效应和随机性效应；急性效应和慢性效应。

每年自然环境对个人的辐射量约是3 mSv（毫希），而一次腹部、脊柱或全身CT的辐射量约为10毫希，是自然环境下3年的辐射总量，一次胸部CT相当于一个人2年多接受的辐射量，头部、心脏CT的辐射剂量小一些，一次也有2毫希。多次重复CT检查，辐射剂量和相应危害可以累加，癌症的发生率就可能增加。

研究表明，在人群中，对电离辐射最敏感的是儿童和年轻女性；在人体脏器中，肺最容易受到损害；在年轻女性中，对电离辐射最敏感的是乳腺。

6. 应用放射性药物的防护原则

放射性防护的目的是防止确定性效应的发生,限制随机效应的发生率,使之达到被认为可以接受的水平。放射性防护的总体原则为实践的正当化、防护水平的最优化和个人受照的剂量限值。

如前所述,放射性药物产生的辐射多以内照射为主。内照射防护的原则:尽一切可能防止应用剂量以外的放射性核素进入体内,尽量减少污染,定期进行污染检查和监测,把放射性核素的年摄入量控制在国家规定的限制内。

7. 放射性核素诊断检查的项目

放射性核素诊断包括以脏器显像和功能测定为主要内容的体内诊断法,例如单光子发射计算机断层成像术(SPECT)及正电子发射计算机断层显像(PET),以及以体外放射分析为主要内容的体外诊断法。

其中,体内诊断法 SPECT 是指单光子发射型计算机断层仪是一台高性能的 γ 照相机的基础上增加了支架旋转的机械部分、断层床和图像重建软件,使探头能围绕躯体旋转 360 度角或 180 度角,从多角度、多方位采集一系列平面投影像。通过图像重建和处理,可获得横断面、冠状面和矢状面的断层影像。

PET 是指正电子发射型计算机断层仪。主要由探测系统包括晶体、电子准直、符合线路和飞行时间技术,计算机数据处理系统,图像显示和断层床等组成。

此外,在 PET、SPECT 或 PET 基础上通过添加 CT 和(或)MR 成像系统,即目前新推出的 PET-CT,实现了衰减校正与同机图像融合,可同时获得病变部位的功能代谢状况和精确解剖结构的定位信息,已成功用于临床。

体外放射分析是指在体外实验条件下,以放射性核素标记的配体为示踪剂,以特异性结合反应为基础的微量生物活性物质检测技术。它具有灵敏度高、特异性强、精密度和准确度高及应用广泛等特点,目前已成为基础医学、现代分子生物学、分子药理和临床医学研究的重要手段。在体外放射分析中,放射免疫分析最具代表性、应用最广泛。

临床常用于的放射性核素诊断检查所用药物包括:

神经系统显像:$^{99}Tc^m$-ECD、$^{99}Tc^m$-HMPAO、$^{99}Tc^m$-DTPA、$^{99}Tc^m$-DTPA、$^{99}Tc^m$-GH、^{18}F-FDG、$^{15}O_2$;心血管系统显像:$^{201}TlCl$、$^{99}Tc^m$-MIBI、$^{99}Tc^m$-P53、$^{99}Tc^m$-RBC、$^{99}Tc^m$-HAS、$^{99}Tc^m$-PYP、$^{99}Tc^m$-MAA、$^{99}Tc^m$-血小板、^{18}F-FDG、^{11}C-乙酸盐、^{11}C-PA、^{123}I-MIBG;肺显像:$^{99}Tc^m$-MAA、$^{99}Tc^m$-DTPA气溶胶、^{133}Xe、^{127}Xe、$^{81}Kr^m$;消化系统显像:$^{99}Tc^m$-DTPA、$^{99}Tc^m$-SC、$^{99}Tc^mO_4^-$;内分泌系统显像:$^{99}Tc^mO_4^-$、^{123}I或^{131}I-NaI、$^{201}TlCl$、$^{99}Tc^m$-MIBI、$^{99}Tc^m$-P53、^{131}I或^{123}I-MIBG;骨显像:$^{99}Tc^m$-MDP、^{18}F;泌尿系统显像:$^{99}Tc^m$-DTPA、^{123}I或^{131}I-OIH、$^{99}Tc^m$-MAG$_3$、$^{99}Tc^m$-EC、$^{99}Tc^m$-DMSA、$^{99}Tc^m$-GH;淋巴显像:$^{99}Tc^m$-硫化锑、$^{99}Tc^m$-ASC、$^{99}Tc^m$-DX;肿瘤显像:^{67}Ga-枸橼酸镓、$^{201}TlCl$、$^{99}Tc^m$-MIBI、^{18}F-FDG、^{11}C-MET、放射性核素标记的单克隆抗体、^{123}I、^{111}In或$^{99}Tc^m$-奥曲肽等。

8. 放射性核素检查对人体的影响

引起各种影像检查的不安全因素主要有两个因素。一个是药物的化学成分的影响,主要是变态反应和毒性反应;一个是放射性造成的辐射。由于核素示踪技术非常灵敏,核医学用的放射性药物中的化学成分极其微量,几乎是可以忽略不计的。因此几乎不会引起变态反应及毒性反应发生。核素诊断所用的核素主要发出的是γ射线,其特点是穿透能力强,而对身体的损伤小。例如,做核医学的膀胱尿反流显像,患者所接受的吸收剂量仅仅是 X 线膀胱造影检查的 1‰。大家知道 X 线检查对患者是安全的,那么核医学显像检查更是如此,在进行核医学影像检查过程中,受检者只需要经静脉注射少量药物,不需要承受其他痛苦。而所注射的药物是一种超短半衰期的同位素,这种同位素的放射性是极其低微的,而且衰变很快,在十几分钟到几个小时的时间内就完全从人体内消失。例如:经大规模临床调查,做一次 PET‐CT 检查,患者所接受的由放射性核素引起的辐射量仅为一次 X 线检查的 1/10 左右。

9. 医学诊断治疗中辐射量的限制

医疗照射是公众所受人工电离辐射照射的主要来源,医疗照射的防护已成为涉及所有公众成员及其后代的重要公共卫生问题。

随着放射学(X 线诊断学)、介入放射学、临床核医学、放射肿瘤学等的迅速发展和广泛普及,受检者和患者中出现的问题日益增多。国防放射防护委员会(ICRP)在第 60 号出版物中指出:医疗照射的防护最优化受到较少注意,其中放射诊断中降低剂量还有很大余地。国际原子能机构(IAEA)在 1997 年出版的《国际电离辐射防护和辐射源安全的基本安全标准》(简称 IBSS)中,首次提出一些诊断检查的医疗照射指导水平,很有实际意义。我国新基本标准(GBI 18871—2002)也采用了同样的医疗照射指导水平。

(1) 关于医疗照射的控制

《电离辐射防护与辐射源安全基本标准》(GB 18871—2002)附录中专门做了阐释,规定了正常照射的剂量控制应符合剂量限制的规定,并要遵循辐射防护最优化要求,使之不超过下述限值:

1) 由申管部门决定的连续 5 年的年平均有效剂量(但不可作

任何追溯性平均)为 20 毫希。

　　2)任何一年中的有效剂量为 50 毫希。

　　3)眼晶体的年当量剂量为 150 毫希。

　　4)四肢(手和足)或皮肤的年当量剂量为 500 毫希。

　　(2)公众所受到的平均剂量估计值不应超过下述限值

　　1)年有效剂量为 1 毫希。

　　2)特殊情况下,如果 5 个连续年的年平均剂量不超过 1 毫希,则某一单一年份的有效剂量可提高到 5 毫希。

　　3)眼晶体的年当量剂量为 15 毫希。

　　4)皮肤的年当量剂量为 50 毫希。

10. 放射性核素治疗的防护优化

　　防护与安全的最优化是实践的防护体系的核心,也是实现防护与安全的指导原则。防护最优化的对象包括正常照射的最优化和潜在照射的最优化;约束条件包括剂量约束值和危险约束值;最终目的包括对于正常照射的防护,相对于主导情况确定出最优化的防护与安全措施以及对于潜在照射的防护,确立同限制照射大小及其可能性的原则,以及相应的事故预防及其后果缓解措施。

　　放射性核素治疗对于安全的要求较高,包括个人剂量报警监测、区域监测,以及治疗室的安全防护。个人剂量主要指工作人员必须佩戴个人剂量计,每月或每季对人员剂量计读数一次。区域监测主要指治疗病房所有区域及屏蔽外的辐射水平,包括气载放射性水平及靠近屏蔽墙外侧的辐射水平。

　　治疗病房的选址和建筑设计必须符合相应的国家法规和标准要求,保障周围环境安全;防护墙按初级辐射屏蔽要求设计,其余墙按刺激辐射屏蔽要求设计;穿越防护墙的导线、导管等不得影响其屏蔽防护效果;病房和控制室之间必须安装监视和对讲设备;治疗病房入口处设置防护门和迷路；病房外醒目处必须安装辐照指示灯及电离辐射警示标志；治疗病房通风换气次数应达到每小时3~4次。

11. 核素治疗后多久可以怀孕

放射性核素本身所具有一定的物理特性，其中半衰期是关于怀孕时间的重要指标，半衰期是指某种特定物质的浓度经过某种反应降低到剩下初始时一半所消耗的时间，是反应动力学的一个容易测定的重要参数，核素进入体内至完全离开体内，绝大多数情况可用一个山坡状图来表示，横坐标为时间，纵坐标为药物浓度，有一个峰值，即药物完全释放作用的浓度，峰前峰后的陡缓视药物目的不同和其本身理化性质不同而有所差异。峰后，临床上仅1/2浓度、1/4浓度和1/8浓度有参考价值，此时可近似看成正比例函数，为浓度减少速率最快的时段，之后变化渐缓，直至完全降为零。

患者经过核素治疗后，因物理衰减和生物代谢两方面作用，在受检者体内存留时间很短。α射线、β射线射程比较短，非生殖系统靶向对怀孕影响不大，γ射线能量较低。因此，理论上参与体内代谢上所用中高能放射性核素10个半衰期过后即可安全怀孕。

12. 核素治疗后对周围人群的影响

核素治疗在给患者治疗的同时，也可能对其及陪同家属的身体健康造成一定损害。接受核医学治疗解除隔离后，患者体内往往仍存留放射性核素，如果不加控制防护的话，也会对周围接触的人群造成辐射损害。这些患者应严格按照医生的要求限制活动范围，以免给周围接触人群造成不必要的电离辐射。完成核医学检查或治疗后的患者体内放射性核素残留在国家相关标准之内，方可解除活动限制，进入公共场合活动，否则，会对周围人群造成影响，但进入具有灵敏检测射线的公共场所，如机场、车站等场合时，最好携带医院开具的诊断证明书。

患者口服或注射显像剂后，身体会向周围散射出少量的γ射线，所以，为了本人和周围人群受到不必要的射线照射，要进行适当的防护。口服或注射显像剂后6小时内，应多喝水、勤排尿，减少与孕妇、婴幼儿的接触时间（相隔距离1~2米影响轻微），成人避免短距离长时间接触（短距离短时间接触影响不大）。如临床医生根据病情有特殊要求和安排，应按医嘱执行。

第二节　常见医疗性核辐射事故及其应急救援

1. 常见医疗性核辐射事故

常见的医疗性核辐射事故是医用放射源在运输和使用过程中损坏、被盗、被弃、被捡拾而引发的恶性事件，也有患者不正当应用造成液体放射源破损和患者排泄物所致的严重放射性污染。目前，大部分医疗机构应用放射源都有完善的防护制度、流程、储存场所和排污系统。应用核素种类多为低能、短半衰期放射性核素，21世纪以来，全世界范围内加强医用放射源管理，在应用过程中出现医疗性核辐射事故很少，但滥用放射性核素诊断和治疗的情况时有发生，应予以格外重视。

2. 医疗核污染的应急处理措施

放射源在运输和使用过程中损坏、被盗、被弃、被捡拾，应当立即通知公安机关。患者不正当应用造成的放射性污染，应启动医疗性核辐射事故的应急处理程序。

避免辐射，需向在场的人员重申严格遵守ICRP的X线实施三原则，即"使用正当化原则、最优化原则和剂量限制原则"。最优化原则就是以最小的代价和最小的剂量来获得有价值的影像；剂量限制原则不仅指单次辐射的吸收剂量，还包括一定时间段内多次辐射的累积吸收剂量。此外，要加强制度管理和流程管理，加强治疗患者宣教，含有放射性核素的排泄物经专用管道集中排放等，保证放射性核素的辐射风险被降低到可接受水平，从而最大限度地保证公众安全。

3. 医疗性核辐射事故的应急处理

发生医疗性核辐射事故时，应采取下列部分或全部措施减轻事故危害后果：

1）立即疏散与事故处理无关的人员，保护事故现场；切断一切可能扩大污染范围的环节，迅速开展检测，严防对物品、畜禽及水源的污染。

2）对可能受放射性污染或者辐射伤害的人员，立即采取暂时隔离和应急救援措施，在采取有效个人安全防护措施的情况下，对人员去污并根据需要实施其他医疗救治及处理措施。

3）迅速确定放射源的种类、活度，确定污染范围和污染程度，上报环境监督和卫生监督部门。

4）组织专业技术人员清除污染，整治环境，在污染现场达到安全水平以前，不得解除封锁。

（吕中伟　王丽丽）

第五章

核电厂核辐射的防护及应急准备

电力是国民经济发展和广大人民生活不可缺少的物质条件，中国经济的快速发展和广大人民生活质量的迅速提高，必须有足够的电力保证。但是，世界性能源危机迫在眉睫，以石油、天然气、煤炭为代表的化石燃料面临枯竭。据估计，已探明的石油储量将在50年内耗尽、天然气在65年内枯竭、煤炭大约可维持供应170年。煤电和水电的建设虽然成本相对低廉，我国也是煤炭资源和水资源的大国，但是煤电和水电提供能源的方式存在着一系列的问题。由于大型煤电、水电建设所导致的环境破坏问题、健康损害问题、移民安置问题等，都还未得到圆满的解决，甚至有可能造成后续隐形成本无法估量性的增加。诸多因素都会严重制约煤电和水电的发展，因此开发新能源，将是我国能源多元化的努力方向。核电作为一种清洁、高效的能源早已被国际所公认，目前我国核电发电量仅占总发电量的1.8%，而世界平均水平已达到14%。根据国家核电中长期规划，到2020年，我国的核电运行装机容量争取达到4000万千瓦，核电年发电量达到2600～2800亿千瓦时。目前，在建和运行核电容量1696.8万千瓦的基础上，新投产核电装机容量约2300万千瓦。同时考虑核电的后续发展，在建核电容量应保持在1800万千瓦左右。这就意味着到时我国核电的发电量将占总发电量的6%以上。同时，核电的安全、防护便放到了广大民众的面前。

第一节 核电的发展简史及
我国发展情况

1942年,美国科学家建成了世界上第一座"人工核反应堆",首次实现了人类历史上铀核的可控自持链式裂变反应。1954年,前苏联建成了世界上第一座核电站——奥布灵斯克核电站。自20世纪50年代至今,分布在31个国家和地区的发电量占世界发电总量的17%,其中,核电发电量超过总发电量20%的国家和地区共16个,其中包括美、法、德、日等发达国家,这也表明核电的发展与国家的经济发展水平和实力相关。我们有理由相信,有科技和管理上的进步,人类有能力将核能作为一种安全、经济、高效的能源为自身服务。

我国虽有强大而厚实的核工业基础,但核电起步较晚,"改革开放"带来了我国经济实力的增强,同时也促进了我国的核工业从军用开始大规模转为民用。1985年3月20日,我国自行研究、自行设计、自行制造的秦山核电一期工程正式开始,标志着我国核电建设的号角正式吹响(图5-1)。

广东深圳大亚湾核电站是我国第一座商用核电站,是我国首次

图5-1 秦山一期核电厂厂景

成功引进国外核电技术的范例(图 5-2)。从 1982 年 12 月 13 日的国务院正式批准建设,到 1994 年 5 月 6 日的全面建成并投入商业运行,标志着我国核电建设走出了一条引进、消化、吸收和创新的发展道路,为我国核电运营管理水平的全面提升奠定了坚实的基础。

图 5-2　大亚湾核电厂厂景

秦山核电厂一期和大亚湾核电厂的建成和安全运行,加快了我国核电建设的发展速度,形成了以中国广核集团有限公司和中国核工业集团公司为龙头,包括中国电力投资集团公司、国家核电技术公司、中国华能集团公司等一批核电建设或运行管理的核电企业。截止到 2013 年 7 月,中国大陆共有运行和在建机组 46 台,分布在 13 个核电厂,其中运行核电机组 17 台,分布在 5 个核电厂址,在建核电机组 29 台,分布在 12 个核电厂,在建核电机组数量位居世界第一,是目前世界上核电建设开工量最大的国家(表 5-1、表 5-2)。

表 5-1　中国在役核电机组

机　组	地点	装机容量 (兆瓦)	总装机容量 (兆瓦)	堆　型	业主
大亚湾 1&2	广东	944	1888	PWR	CGN(中广核)
秦山一期	浙江	279	279	PWR(CNP-300)	CNNC(中核)

(续表)

机　　组	地点	装机容量 （兆瓦）	总装机容量 （兆瓦）	堆　　型	业主
秦山二期,1～4	浙江	610	2440	PWR(CNP-600)	CNNC
秦山三期,1&2	浙江	665	1330	PHWR(Candu 6)	CNNC
岭澳一期,1&2	广东	935	1870	PWR	CGN
田湾1&2	江苏	1000	2000	PWR(VVER-1000)	CNNC
岭澳二期,1～2	广东	1037	2074	PWR(CPR-1000)	CGN
宁德-1	福建	1080	1080	CPR-1000	CGN
红沿河-1	辽宁	1080	1080	CPR-1001	CGN

表5-2　中国在建核电机组

机　　组	地点	装机容量（兆瓦）	总装机容量（兆瓦）	堆　　型
红沿河2～4	辽宁	1080	3240	CPR-1000
宁德2～4	福建	1080	3240	CPR-1000
福清1&2	福建	1080	2160	CPR-1000
阳江1～4	广东	1080	4320	CPR-1000
方家山1&2	浙江	1080	2160	CPR-1000
三门1&2	浙江	1250	2500	AP1000
海阳1&2	山东	1250	2500	AP1000
台山1&2	广东	1770	3540	EPR
昌江1&2	海南	650	1300	CNP-600
防城港1	广西	1080	1080	CPR-1000
福清3	福建	1080	1080	CPR-1000
田湾3	江苏	1060	1060	VVER
阳江4	广东	1080	1080	CPR-1000
石岛湾	山东	210	210	HTR-PM

第二节 核电厂概述

1. 核电的原理

核电厂最大的不同就是产热方式不同，与直接燃烧煤炭或者燃油、燃气不同，核电厂的热能是通过放射性物质，在裂变反应过程中产生大量的热量而获得的。能够在核电厂反应堆中通过核裂变产生实用核能的材料称为核燃料。核电厂的核燃料通常为铀-235。铀是分布在自然界中的一种天然放射性元素，它有 3 种同位素（铀-234、铀-235、铀-238），自然界中铀-235 的含量非常低，只有约 0.7%，大部分为铀-238（占 99.27%），要作为核燃料，铀-235 的含量必须达到 3% 左右的低浓缩铀，才能作为核电厂的核燃料，所以天然的铀矿，必须经过分离-浓缩才能达到 3% 左右的使用要求。

铀-235 在中子的作用下，发生裂变反应，同时产生出更多的中子，与更多的铀-235 反应，这就是链式反应。链式反应的过程可产生大量热量（图 5-3）。

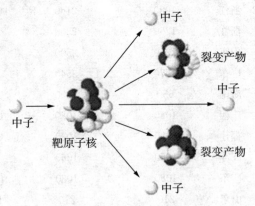

中子

裂变产物

中子

中子

靶原子核

裂变产物

中子

图 5-3 链式裂变反应示意图

1千克铀-235燃料在核电厂反应堆释放出的能量相当于燃烧2700吨标准煤。由此可见核电厂的高效性。核电厂反应堆内，铀-235产生的链式反应是受控的，也就是说，可以根据需要调节反应性，使热能按需求释放。

　　核电厂主要由核岛、常规岛和其他辅助厂房构成。核岛包括反应堆、一回路系统、二回路系统和其他辅助系统。常规岛和其他辅助厂房与其他热电厂类似。反应堆由于工作原理有所不同，分为不同类型，常见堆型有压水堆、沸水堆、重水堆、轻水堆、石墨冷水堆、压力管式石墨沸水堆、气冷堆、钠冷快堆（快中子增殖堆）等，我国核电厂的反应堆多为压水堆。压水堆核电厂主要原理见图5-4。

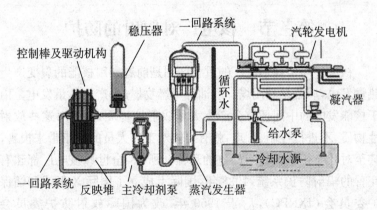

图5-4　压水堆核电厂原理图

2. 核电厂核辐射的产生

　　核电厂由于是利用核能发电，就不可避免的有由于裂变反应所造成的辐射问题。其辐射来源地总体上包括两方面：一是发生铀-235链式反应的反应堆堆芯，二是将反应堆热量导出，冷却后再进入反应堆的冷却剂。这些是放射性物质产生的主要来源。

就核电厂辐射防护而言,防护的重点并不是在反应堆运行阶段,而是在反应堆停运检修阶段。前者虽然产生了大量的放射性,但放射性物质总体来讲还是控制在一回路中间,加之运行阶段,工作人员在放射性区域人数较少,工作时间较短,而且有一定的防护。停运检修阶段不同,有大量人员参与换料、检查、维修、再鉴定等工作,一回路被打开,或有可能长时间运行产生了放射性包容系统的损坏而产生放射性泄露,工作区域有可能被污染,检修过程产生的大量放射性废物等原因。虽然有一定的防护,但都可能造成人员受到放射性物质的影响。总之,了解了核电厂放射性产生的基本原理,以及放射性的时间分布、区域位置分布,对于保护人员健康、避免影响公众,为安全发电提供了保障。

第三节　核电厂对辐射的防护

核电厂与常规热电厂的重要区别是前者利用核能的裂变产生热量发电,后者是利用煤、气、油等可燃物燃烧,产生热量发电。由于核能发电的中间环节会产生大量放射性物质,如果对这些放射性物质,不进行控制、管理,就有可能对工作人员的健康带来损害,甚至对社会带来长时间严重的恐慌。所以,全世界核电厂都建有完善的辐射防护系统,1928 年,国际上成立了国际 X 射线和镭保护委员会(IXRPC),后于 1950 年,改为国际放射防护委员会(International Commission on Radiological Protection:ICRP),是国际上制定辐射防护标准的机构,1989 年 5 月 15 日,在莫斯科成立的世界核电运营者协会(World Association of Nuclear Operators,WANO),是国际上对核电厂的评估机构。为了评估世界各核电厂的辐射防护性能水平,以"集体剂量"作为指标,来量化评估核电厂的辐射防护能力及水平。我国核电厂的辐射防护是在总结了我国核工业辐射防护的经验,参考、引用国际辐射防护标准的基础上建立和发展起来的。经过 20 多年的努力,我国核电站的辐射防护水平与世界核电厂相比,差距明显缩小,部分指标已长期进入世界先进行列。

1. 防护体系

目前已明确核电厂最可能产生的有害效应为急、慢性辐射损伤综合征、局部组织辐射损伤(如肺组织、甲状腺组织、性腺组织、眼晶体的损伤,放射性皮肤烧伤等);以及放射性物质进入体内,沉积在特定器官造成的损伤或癌变等。为了达到辐射防护的目的,国际上规定了辐射防护的 3 条基本原则:①从事辐射的生产活动必须有正当性。②从事辐射生产活动的防护应当是最优化的。③从事辐射生产活动中的个人,所接受的辐射剂量(包括外照射和内照射)必须有规定的个人剂量限值。

核电厂为了遵循上述原则,都建立了一套完整的体系,来落实辐射防护三原则。主要采取的方法如下。

(1)设立独立的管理、监督的防护机构

核电厂都设有独立的部门,管理、监督辐射工作。从而保障了核电厂工作人员的职业健康安全。

(2)根据标准制定完整管理程序

核电厂制定的管理程序和工作程序都是根据国家相关标准而制定的,我国在核电厂辐射防护的相关标准基本上与国际标准一致,甚至是完全引用。《中华人民共和国职业病防治法》《中华人民共和国放射性污染防治法》等是核电厂辐射防护基本的法律基础,而《电离辐射防护与辐射源安全基本标准》(GB 18871—2001)是核电站制定辐射防护各项管理程序和工作程序的标准文件。

(3)对放射工作人员实行严格的健康监护

核电厂辐射防护最根本的目的是保护工作人员和公众及其后

代的健康,所以对于放射工作人员实施健康监护是所有核电厂必须完成的一项工作。我国核电厂对放射工作人员是以《放射工作人员健康管理规定》(原卫生部 55 号令)为法定依据,以《放射工作人员健康标准》(GBZ98—2002)和《放射工作人员职业健康监护技术规范》(GBZ 235—2011)为主要技术标准来实施健康监护的。其基本内容包括:

——建立核电厂放射工作人员职业健康档案;

——放射工作上岗前、在岗期间、应急后、离岗前健康检查;

——进入控制区(放射性区域)前工作适任性评价;

——关键放射性工作人员工作适任性评价(如主控室操纵员、燃料操作员等);

——职业健康跟踪及职业健康促进。

放射工作人员职业健康监护,不仅是对放射工作人员有无职业禁忌证进行判断,而且还需要评价该人员的全面健康状态(包括身体、心理和社会交往能力),是否会在作业时对核电厂关键的系统和设备构成安全威胁等。放射工作人员的职业健康监护,一方面确保了工作人员的职业健康;另一方面也控制了因生理、心理原因可能带来的误操作风险,这一监护是核电厂辐射防护不可分割的一部分。

(4)放射工作人员个人剂量管理

对放射工作人员个人剂量管理是辐射防护的基本要求,我国核电厂一般都是按国际上最高的标准对放射工作人员的个人剂量实施管理。

1)我国对公众照射剂量限值:

——年有效剂量不超过 1 毫希(mSv);

——特殊情况下,如果 5 个连续年的年平均剂量不超过 1 毫希,则某一单一年份的有效剂量可提高到 5 毫希;

——眼晶体的年当量剂量不超过 15 毫希;

——皮肤的年当量剂量不超过 50 毫希。

2) 目前我国的国家标准要求的职业性个人剂量限值是:

——任何放射工作人员连续 5 年的年平均有效剂量不超过 20 毫希;

——任何一年中的有效剂量不超过 50 毫希;

——眼晶体的年当量剂量不超过 150 毫希;

——四肢(手和足)或皮肤的年当量剂量不超过 150 毫希。

3) 目前我国对 16～18 周岁,参加培训的工作人员(学徒)的职业性个人剂量限值是:

——年有效剂量不超过 6 毫希;

——眼晶体的年当量剂量不超过 50 毫希;

——四肢(手和足)或皮肤的年当量剂量不超过 150 毫希。

4) 我国还对特殊情况下的个人剂量进行了规定:

——依照审管部门的规定,可将 5 年剂量平均期破例延长到 10 个连续年,并且在此期间内,任何工作人员所接受的年平均有效剂量不应超过 20 毫希,任何单一年份不应超过 50 毫希;

——当任何一个工作人员自此延长平均期开始以来所接受的剂量累计达到 100 毫希时,应对这种情况进行检查;

——剂量限值的临时变更应遵循审管部门的规定,但任何一年内不得超过 50 毫希,临时变更的期限不得超过 5 年。

5) 我国核电厂都有内部的剂量管理规定,某核电厂内定的个人剂量管理规定:

——任何工作人员,连续 12 个月个人剂量不得超过 20 毫希;

——连续 12 个月个人累计剂量达到 10 毫希将进行预警;

——单次大修个人累计剂量达到 4 毫希将进行预警;

——连续 12 个月个人累计剂量达到 15 毫希将进行干预;

——单次大修个人累计剂量达到 5 毫希将进行干预；

——对计划外的外照射个人剂量达到 1 毫希/日的将进行调查；

——对计划外的外照射个人剂量达到 2 毫希/日的将进行干预。

"预警"是指告知工作人员及其部门，该人员的个人剂量将达到内部管理的限值水平，必须给予关注，或调整作业内容，或减少作业时间，进行辐射风险分析，防止其受照剂量超过个人剂量管理干预水平，同时辐射监测部门加强跟踪和监测。

所谓"干预"指核电厂发出剂量干预的通知单，主动控制该人员放射性工作，甚至根据对相关作业剂量的估算，停止该人员的辐射工作，确保该人员个人剂量水平量不超过国家的法定限值。特殊情形下需要继续进入控制区工作人员，要填写剂量干预人员控制区工作申请，按要求审核，批准后方可开通该工作人员进入控制区授权。

"调查"是根据估计的计划剂量与实际剂量有较大的出入时，需了解具体工作，以便甄别个人剂量的准确性，或者计划外受照达到某一限值时，为准确了解非计划受照原因，避免过量受照而采取的管理措施。

2. 核电厂对辐射的监测手段

核电厂对辐射监测的包括：实时监测所在区域的辐射剂量率，到达规定阈值时给予报警，防止工作人员受到过量照射。实时监测放射性液体、气体排出通道的辐射剂量率，到达规定阈值时给予报警，及时防止不符合国家要求的放射性物质向环境排放。实时监测控制区人员进出口通道，及时发现人员放射性体表污染。实时监测非控制区人员和车辆进出通道，防止放射性物质流出核电厂以外。定期监测核电厂周边的空气、土壤、水和蔬菜、禽类、牛羊、鱼虾等情况,以了解有无放射性物质泄漏到外环境。与此同时,国家也会独立的定期监测核电厂周围环境放射性情况,以确保公众的健康。定期和按计划监测放射工作人员体内有无放射性污染。对放射性设备、工具和放射性废物的监测等。

实施这些监测任务,核电厂都准备了相应的实验室以及固定式和便携式的监测设备和仪表。化学-环境实验室主要负责核电厂内,外周边的空气、土壤、水、蔬菜、禽类、牛羊、鱼虾等放射性的监测,以及电厂运行期间放射性液体、气体的分析与测量;主控室主要监控固定式监测设备的报警;而辐射防护部门要负责报警的处理和被监测区域、人员的管理。

核电厂控制区内辐射监测系统是由数十个固定式辐射监测探头组成的监测系统。根据不同区域的辐射特点和不同放射性物质的性质,有些是监测该区域 γ;有些是监测该区域 β;有些是监测流出道的气体;有些是监测该区域的空气等。这些监测探头一旦探测辐射水平超过预定设值,立即将信号传回主控室,主控室操纵员受到报警后,会根据相关程序,通知有关专业人员调查情况,处理报警,采取防护措施。核电厂厂外辐射监测系统如同野外自动监测的气象站,根据核电厂所在地域的气象特点,在核电厂周边一定的范围内设置得辐射监测点,为分析核电厂有无核泄漏提供数据。

控制区出入口监测系统是由控制区进出的门禁组成,门禁分为两组监测门,第一组监测门习惯上称为"C1 门",第二组监测门称为"C2"门。C1 门主要监测工作人员工作服上有无放射性污染,C2 门是监测工作人员皮肤体表上有无放射性污染。一旦 C2 门检查出人员有放射性污染,就必须进行去污处理。国外有些核电厂还在控制区外设有 C3 门,主要用于检查核电厂内,非控制区人员衣物上有无放射性污染。

核电厂厂区出入口监测系统是在控制区外,人员和车辆通行的通道上,设置了独立辐射监测探头。一旦发现过往的人员和车辆辐射水平超标，立即发出光和声响报警，这时警卫人员立刻控制现场和相关人员及车辆，通知辐射防护人员进行事件处理。

全身计数器（whole body counter，WBC）是对放射工作人员有无内污染检查的设备，它可在数分钟内确定人体内有无放射性核素、是何种核素、核素的量有多少，初步估算出人员内污染的待积剂量水平等。有些核电厂还配置了更为精确的全身计数器，能对放射性核素存在的部位进行较为精确的定位，为进一步的医学处置提供依据。

热释光剂量计（TLD）和只读式电子剂量计是对放射性工作人员进行个人剂量监测的记录仪表。TLD记录的个人剂量一般1～3个月才读出记录1次。目前，核电厂多采用2个月读出记录1次，并作为放射工作人员标准的个人剂量记录。只读式电子剂量计因为实时性较好，通常作为人员现场控制辐射工作的仪表，它不仅可记录一次辐射工作所接受的剂量，显示工作现场的辐射剂量水平，也可以设置报警阈值，指导工作人员进行防护控制。

核电厂还有许多便携式辐射监测仪表，例如，测量中子的仪表、通过更换探头分别测量 γ 和 β 的仪表等。有的用于作业环境辐射剂量率的监测，有的直接测出不同辐射的量。总之，不同厂家生产的仪表都有各自的特点，各核电厂都会根据自身需求，分别使用。

3. 防护用品和主要防护方法

核电厂工作人员进入放射性区域（控制区）都需要穿戴基本的防护用品，配备必要的便携式辐射监测仪表，有些特殊的工作还需要穿戴特殊防护用品。

基本防护用品有纸帽、T 恤衫、白纱手套、袜子、连体服、防护鞋和安全帽。

基本防护用品主要是防护进入控制区的工作人员，免遭放射

安全帽

纸帽

T恤

连体服

白纱手套

袜子
防护鞋

图 5‑5　核电厂工作人员基本防护用品

性的皮肤污染,这些是每位进入控制区的工作人员必须穿戴的防护用品,工作人员上岗前都要经过培训,正确穿戴这些防护用品。

不同的作业防护要求不完全一样,如含有放射性气溶胶的作业、近距离高辐射的作业,放射性液体操作的作业等的防护要求就较为特殊。为此核电厂还配备了特殊的防护用品,如外照射剂量率较高的作业区域可以穿戴铅衣,以增加屏蔽效果。为防止内污染可以根据情况佩戴口罩、碘面罩、气面罩、呼吸面罩搭配压缩空气瓶。为防止内污染和体表污染,可穿戴全面罩气衣。防止液态放射性手部污染,可带上乳胶手套等。不管是基本防护用品,还是特殊防护用品,使用过后都必须做去污处理,经测量达到去污标准后方可重复使用,否则将作为放射性废物进行处理。

核电厂工作人员的辐射防护,主要是针对外照射、内污染和皮肤污染的防护。除了使用防护用品外,从防护方法上讲,外照射还可以利用以下 4 种方法进行防护。

(1)时间防护法

时间防护法就是减少工作人员接触放射性的时间,达到减少剂量的目的。在作业场所剂量率不变的条件下,受照时间与接受的剂量成正比。为了减少受照时间，一般采用做好作业准备、加强技能操作培训和剂量分摊的方法。例如，开好工前会，确定作业各个步骤和准备好需要使用的工具，明确职责分工，一次把事情做好，关键的作业，事先可以反复模拟培训，做到熟练。有研究结果表明，经过良好、充分的培训，高辐射环境下的作业时间可以缩短40%。另外，剂量分摊，就是利用分组轮流作业的方式，避免同一组工作人员长时间受照。但是剂量分摊，可能会造成放射性废物增加，所以必须根据"最优化"原则全面考虑。

（2）距离防护法

如果辐射源是一个点源，那么它将遵循平方反比定律。即某点的剂量率与该点到源距离的平方成反比。核电厂实际的情况并非点源，大部分是非点状源的辐射场。经验告诉我们，当非点状辐射源的距离相当于点源距离10倍以上时，可以将非点状辐射源当作点状源来看。所以，现场作业应当尽可能远离放射性区域，以减少受照剂量。总之，只要增减与辐射场的距离，就可以有效地减少个人剂量。

（3）屏蔽防护法

选择合适的屏蔽材料可以有效地减少辐射照射。屏蔽 γ 射线需要用原子序数较大的物质作为屏蔽材料，如铅、铁和混凝土等。屏蔽中子则要求用原子序数较小，含氢较多的物质作为屏蔽材料，如水、石蜡、塑料和石墨等。在核电厂维修过程中，最常见的是对 γ 射线屏蔽。由于 γ 射线在屏蔽材料的衰减是按指数规律衰减的，理论上讲，屏蔽的效果不可能达到100%，另外，不同放射性物质发出不同能量的 γ 射线，所以使用屏蔽材料将辐射降到合适的辐射水平的厚度也不一样。辐射防护人员在计算屏蔽效果时往往用"半厚度"或"十分之一厚度"的概念来计算屏蔽效果。所谓"半厚度"指，屏蔽掉一半原放射性强度所需材料的厚度，同理"十分之一厚度"是指屏蔽到原放射性的 1/10 所需屏蔽材料的厚度。核电厂的辐射防护人员，通常用钴-60 作参照，来计算用铅砖作为屏蔽材料的厚度。并已知钴-60 γ 射线的"半厚度"，铅为 13 毫米、铁为 18 毫米、混凝土为 60 毫米、水为 150 毫米。

举例：一点源在 4 米处剂量率为 200 微希/小时，要使 1 米处工作人员半小时剂量不超过 100 微希，需要铅屏蔽多厚？

计算过程：

第一步：根据平方反比定律，得出 1 米处剂量率是 3200 微希/小时

第二步：要使 1 米处达 100 微希/0.5 小时，1 米处剂量率应当是 200 微希/小时

第三部：计算出"半厚度"$3200 \div 200 = 16 = 2^4$　1 米处需要 4 个"半厚度"屏蔽

第四步：计算屏蔽厚度已知铅"半厚度"为 13 毫米，$13 \times 4 = 52$（毫米）

答案：所以达到屏蔽效果，铅砖最少需要 52 毫米厚。

（4）源项控制法

就是在进行辐射工作前，将引起辐射的源项减少或降低，从而使工作场所的辐射水平下降，达到减少个人受照的目的。例如，大修前一回路的氧化净化，污染区域先去污再作业，使用放射源时尽可能使用剂量率较小的源，工作时尽可能避开管道、容器的排空时段（充水时剂量低），减少一回路杂质，避免活化物产生等。

总之，防护方法可以独立使用，也可综合使用。具体如何使用，由辐射防护人员评估后决定。

4. 辐射区域管理

核电厂一般分为非限制区、监督区和控制区，只有控制区才存

在较高的辐射风险。所以对控制区实行严格管理，并进一步划分子区。

（1）控制区子区的划定

核电厂根据国际通行做法，将控制区按平均剂量率的高低分为绿区、黄区、橙区、红区等不同子区，并用相关颜色的三叶草图形标记，例如：

绿区：平均剂量率 7.5～25 微希/小时；黄区：平均剂量率25～2000 微希/小时；橙区：平均剂量率 2000～100 000 微希/小时；红区：平均剂量率＞100 000 微希/小时。

控制区	绿区	
	黄区	
	橙区	
	红区	

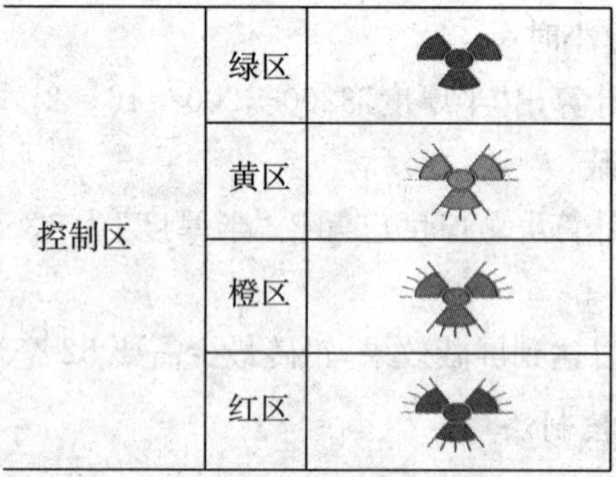

图 5-6　辐射控制区示意图

控制区子区，由辐射防护人员定期监测平均剂量率，并根据监测结构，调整控制区子区分类。放射工作人员在绿区作业不受任何时间限制，在黄区工作将受到时间的限制，进入橙区、红区不仅作业时间受到限制，而且需要不同级别的管理人员批准。

（2）控制区人员出入规定

进出控制区人员实行通行证制度，办理通行证必须符合下列条件：

——本人自愿进入控制区工作；

——符合放射工作人员健康标准；

——完成辐射防护培训，并获得辐射防护授权；

——个人剂量记录及管理符合国家及核电厂内部要求；

——核电厂管理者同意。

控制区通行证有一定时效性，有效期取决于上述条件的时间限制。有些辐射风险小，工作时间短的作业，也可以使用临时通行证，但办理临时通行证需要管理者严格审批。

（3）控制区个人行为规定

在控制区内，为避免人员沾污，减少内污染和外照射，禁止吃、嚼（如口香糖等）、喝、便、溺、吸烟和睡觉等行为，并禁止有伤口者进入控制区，以及不可在控制区内无故逗留。同时，应告知工作人员，要防止由于出汗，皮肤瘙痒等原因，无意识的将手部污染和设备、地面、墙壁上的污染带到皮肤上。

（4）控制区基本防护规定

为了减少不必要的外照射，进入工作现场后，工作负责人须测量现场剂量率并确定有无辐射热点，让工作人员尽可能远离辐射热点，并选择在低剂量率区域做工作准备和人员待工。作业过程中工作负责人（也包括工作人员），必须时刻关注自己电子剂量计的状况，有异常或声光报警应该立即停止工作，通知辐射防护人员进行处理。工作负责人须经常测量现场剂量率的情况，尤其是周围的废物袋、高放物质或当现场设备的状态发生改变时。作业期间尽量按照辐射防护人员推荐的路线图行走，以减少路程剂量。长时间的工作区域应设法尽可能降低环境剂量率，如选择合适的工作位置、采取屏蔽措施等。另外，应通过有效的培训和现场组织，减少辐射工作现场的总人数和工时。

为了避免体表污染，进入放射性隔离区前，辐射防护人员应放置放射性污染区所用的警示带、标牌和污染区门槛标示。规定工作人员除穿戴基本防护服外，还应补充穿戴塑料鞋套、乳胶手套等。当需要穿铅背心在污染区工作时，纸衣应穿在铅背心外，附加防护用品不得穿出污染区。当手套污染时，严禁触摸厂房非污染的设备。从污染隔离区拿出的任何物质均需用塑料袋和合适的容器包容，保证其外包装表面无放射性污染方能在非污染控制区运输或存放。工作负责人及工作人员应了解其工作中使用的工具、材料是否有放射性污染，避免将污染的材料、工具在无污染防护措施的情况下拿到清洁区域使用或加工，造成污染扩散。在进入某些放射性污染区，需根据风险分析采取特别的污染防护措施，如附加连体纸衣、气面罩、气衣等。禁止非辐射工作人员和来访者进入具有放射性污染的区域。

为了减少内污染，作业前应对内污染风险进行分析，明确和细化防护措施，包括辐射防护人员在其开工前进行污染风险防护措施的评价，并在作业通知书上签字确认。进入放射性系统容器内作业的必须进行呼吸保护，原则上使用气衣。此时工作负责人须指定专人负责按照相关要求进行监护。放射性工件的焊接和磨削作业，作业时采取呼吸防护措施，防止人员内污染。有时工作需要，还可用塑料布在作业区建立一个相对密封的空间，并设立定向抽风装置（俗称SAS），让作业人员在下风向工作，避免内污染。经过批准进入运行的反应堆厂房、有明显标示的污染区域、不涉及放射性系统打开、打磨、焊接的短时间作业和部分核清洁相关的工作可以佩戴防尘口罩进行呼吸保护。在有空气污染风险的场所作业，对于是否需要使用呼吸保护器或如何使用呼吸保护器，工作人员应听从辐射防护人员的建议。在大修前对经常需要在控制区内作业的人员开展内污染及体表污染防护专项技能培训和宣传，特别强化在模拟实验室的实践操作培训，以提高工作人员的污染防护意识和技能。定期或根据辐射防护人员的要求，部分从事具有内污染风险作业的人员还需要进行全身计数器检查，以确定有无内污染情况发生。

(5) 控制区内作业管理规定

核电厂人员进入控制区除了有准入规定和防护规定外,对作业也有相应的管理规定,控制区内的作业主要是利用许可证制度和相关管理人员审批来控制其高风险作业。橙区或红区内的作业,必须有《高辐射风险工作许可证》,对于射线探伤工作,必须《射线探伤许可证》审批完成后才能有制度进行工作。对于一般性控制区内的工作,都有辐射风险分析、工作文件包中辐射防护措施的审查、作业过程中防护情况和效果的检查。必要时,工作结束后还有防护评价和经验反馈等过程。此外,辐射防护人员是控制区内主要的作业管理人员,他们负责辐射区域巡检和等级的划分,辐射风险的标识和警示,放射性废物在控制区内的管理,发现和管理放射性污染区域,并提供隔离、屏蔽等防护措施的技术指导。这些管理措施降低了控制区内的作业人员的辐射风险,保护了作业人员安全和健康,是核电厂安全、经济、高效发电的基础。

5. 如何管理放射源

核电厂还有许多放射源(如铱- 192、钴- 60 等),用于管道、设备的探伤、实验等。这些放射源的辐射很强,如果管理不善,极有可能导致人员意外受照。国内外均有放射源意外丢失,造成一般平民大剂量受照,导致死亡和致残的情况。因此,核电厂对放射源有严格的管理措施,具体如下:

1) 核电厂必须获得《辐射安全许可证》才能使用和管理放射源。核电厂获得国家环保部门颁发的《辐射安全许可证》后,才能从事放射源的采购、使用、保存、报废等活动。每次采购放射源都需单独获得国家环保部门批准。

2) 必须建有合格的库房储存和管理放射源。用于探伤性质的放射源,辐射强度大,一般储存在放射源源库中,对其管理是源库设有防盗、报警、摄像监视装置,实行双人双锁管理;对每一存放隔间均应编号和加锁;放射源的存放隔间应挂放射源信息标牌,标牌内容应包括所存放的放射源的核素、活度及存放日期等;源库的入口处配置表面污染监测仪表和γ剂量率测量仪表;手提式γ射线探伤机的外表面接触剂量率小于2毫戈瑞/小时;50毫米处空气比释动能应小于5毫戈瑞/小时;外表面1米处空气比释动能小于0.02毫戈瑞/小时;放射源不得与易燃、易爆、腐蚀性物品等一起存放;配备有射线探伤使用的警示牌、灯、报警器等器材。用于实验性质的放射源,一般储存在实验室,对其放射源管理的要求:放射源必须锁在专用保险柜中(固定在设备中除外),保险柜的钥匙由专业授权的人负责管理;保险柜应贴有放射性标志,放射源容器上应贴标签,标签内容包括核素、放射源编号、源强度和测量时间;有放射源入库、借用和归还登记,保存有放射源资料;放射源应当单独存放,不得与易燃、易爆、腐蚀性物品等一起存放。仓库带放射源备件存放要求同实验室存放要求。

3)对放射源管理人员的资格要求。放射源管理人员必须通过辐射安全和防护专业知识及相关法律法规的培训和考核,并持有有效《辐射工作人员培训合格证》;探伤源使用人员必须取得国家相关部门颁发的射线探伤资格证,经过厂射线探伤管理专项培训(包括射线探伤管理、经验反馈和事故应急等),且在探伤机实操考核中合格;安排现场辐射防护人员借还放射源,需进行专门的放射源借还管理培训;放射源管理和使用人员还应具有电厂辐射防护授权。

4)建立管理制度。这些制度包括放射源采购-接受-报废制度、放射源进出场(厂)区制度、放射源信息管理制度、实验室放射源和放射源库放射源借用制度、放射源盘点制度、放射源运输要求、放射源检测要求、放射源事故报告要求等。这些管理制度和要求保障放射源在核电厂内的安全,杜绝放射源的安全事故。

6. 如何处理放射性废物

压水堆核电厂反应堆在正常运行和预期运行中会产生裂变气体,裂变气体及其他放射性微粒物质混合后形成放射性废气。放射性废气分为放射性含氧废气和放射性含氢废气,这两类废气通过排气和疏水系统进行分类收集后进入废气处理系统。再经过含氧废气处理单元或含氢废气处理单元后,通过高效过滤器和活性炭碘捕集器,再进行储存和自然衰变,经检测合格后,方可向核辅助厂房通风系统排放。有少量未被系统收集的放射性废气,也需经过高效过滤和活性炭碘过滤后方可通过核辅助厂房通风系统排放。核电厂所有的放射性气体都必须通过核辅助厂房通风系统的烟囱进行排放,禁止经其他途径排放。其排放的放射性活度由电厂辐射监测系统进行连续监测,并进行记录。排放分为连续排放和约定排放。连续排放是指核辅助厂房和核燃料厂房的正常通风;约定排放是指含氢废气储存罐的排空和反应堆厂房排气。连续性气体在排入大气以前,必须先经高效过滤器,然后通过核辅助厂房通风系统的烟囱进行排放。约定排放包括排放申请、取样、测量分析、批准排放和实施排放等过程。

放射性物质一旦与水结合就形成了放射性液体,压水堆核电厂的放射性液体分为可复用废液和不可复用废液。由核岛排水和疏水系统收集的可复用废液经过废气处理系统除气器和硼回收系统蒸发器处理,达到复用标准后,进入反应堆硼和水的补给系统重复使用。由核岛排水和疏水系统收集的不可复用废液进入废液处理系统暂存于废液罐中,根据废液的化学成分和放射性活度高低,分别用过滤、除盐、蒸发等方法处理,符合标准和管理规定后排放。核电厂放射性废液物排放系统是用来储存、传输、监测、记录、排放电厂产生的液态流出物的专用系统。排放过程,同样受到严格的控制,包括排放申请、取样、分析、排放工况的确定、排放批准、排放实施等过程。

放射性固体废物分为三类：工艺废物如浓缩液、废树脂、过滤器芯及通风过滤器芯子、淤积物；技术废物如废塑料布、废吸水纸、废抹布、废木头、报废的零部件等；其他放射性固体废物如被污染的一些固体废物。放射性固体废物在各种放射性废物的产生场所就地分类收集，以不同的接受方式和输送设备将各种废物分门别类集中到暂时储存设施中。所有放射性固体废物必须收集存放在控制区内。工艺废物通过固体废物处理系统固化、固定、封盖形成稳定的放射性固体废物货包。技术废物通过固体废物处理系统预压缩、超级压缩、封盖形成稳定的放射性固体废物货包。通风系统过滤器等极低放废物，从废物最小化考虑，采用暂存、衰变待解控。其他放射性固体废物采用暂存、衰变等方法处理。固体废物的产生必须控制在可接受，尽量少的水平上。在进行任何可能产生废物的活动之前，应考虑废物产生的最小量化及接收问题（工艺条件、储存的可能、活度计算）。废物在未能确保进行固化处理和储存之前，应控制其产生。每项维修活动的准备必须包括可能产生放射性废物的步骤，维修方法的选择和改进必须把废物的产生量作为一大控制项目来考虑。要求带入最小量的材料进入控制区，特别是目前无法作为固体废物处理的材料，如油类物质、溶剂、润滑油。以尽量防止其被污染，减少这类放射性废物的产生。放射性废物实行严格的登记、存放、监测、运输制度，核电厂将定期将这些废物转送到国家规定机构进行后处理。

第四节　核电站核事故应急救援

1. 国际上对核事故如何分级

由于核事故发生的情况十分复杂，在 2008 年，国际原子能机

构对国际核事件分级表进行了修订,修订后的 INES 分级表称作
"核事件和放射事件分级表"。INES 分级表将核事件分为 7 个级
别:1~3 级称为"事件",4~7 级称为"事故"(表 5-3)。不具有安
全意义的事件,划分为 0 级,定为"偏离",与核电厂运行无关的事
故或其他安全无关的事件定为"等级表外事件"。

——7 级:特大事故(或极严重事故),核动力厂向厂外大量释
放放射性物质,产生广泛的健康和环境影响。一般涉及
短寿命放射性裂变产物的混合物。从放射学角度而言,
其数量相当于超过几万 TBq(太贝克,即 10^{12} Bq)的碘-
131。这类释放可能有急性健康效应;在可能涉及一个以
上国家的大范围地区有慢性健康效应;有长期环境后果。
1986 年,前苏联切尔诺贝利核电厂(现属乌克兰)事故就
是典型的 7 级事故。

——6 级:重大事故(或严重事故),核动力厂向厂外明显的释
放放射性物质。从放射学角度而言,其数量相当于几千
到几万 TBq 的碘-131,需要全面地实施当地应急计划。
这类释放将可能需要全面实施当地应急计划中包括的相
应措施以限制严重的健康效应。

——5 级:具有厂外风险的事故,核动力厂反应堆堆芯严重损
坏,如 1979 年的美国三哩岛核电厂事故,导致放射性物
质向外释放。从放射学角度而言,其数量相当于几百到
几千 TBq 的碘-131。这类释放将可能需要部分实施当
地应急计划中包括的相应措施,以减少造成健康效应的
可能性。

——4 级:事故主要在核设施内,没有明显厂外风险的事
故。这类事故可能造成核动力厂反应堆堆芯部分损
坏,包括重大厂内修复困难的损坏。如动力堆堆芯部
分熔化和非反应堆设施内发生的可比事件。一名或

更多工作人员受到极可能发生早期死亡的过量照射，对工作人员具有严重的健康影响。向厂外环境释放少量放射性物质，公众受到规定限值量级的照射。这种释放可使关键人群受到几毫希沃特级别剂量的照射，除当地可能需要进行食品管制外，一般不需要厂外保护行动。1973年的英国温茨凯尔（现为塞拉菲尔德）后处理厂事故、1980年的法国圣洛朗核电厂事故和1983年的阿根廷布宜诺斯艾利斯临界装置事故都属于此类事故。

——3级：重大事件，核动力厂的纵深防御措施受到伤害。厂内严重污染，工作人员受到过度的辐射，足以引起工作人员急性健康效应的剂量的厂内事件和（或）造成污染严重扩散的事件。向厂外环境释放极少量放射性物质，公众受到的照射远低于规定限值。放射性向外释放，使关键人群受到十分之几毫希沃特级别剂量的照射。对于这类释放，可能不需要厂外保护措施。

——2级：事件，核动力厂运行中发生具有潜在安全后果的事件。安全所示明显失效，但仍有足够的纵深防御，可以应付进一步故障事件。包括实际故障定为1级但暴露出另外的明显组织缺陷或安全文化缺乏的事件。造成工作人员受到超出规定年剂量限值的剂量的事件和（或）造成设施内有显著量的放射性存在于设计未考虑区域内，并且需要纠正行动的事件。

——1级：异常，核动力厂运行偏离规定的功能范围，仍保留有明显的纵深防御的异常情况。这可能归因于设备故障、人为差错或规程不当，并可能发生如电厂运行、放射性物质运输、燃料操作和废物储存和违反技术规格书或运输规章等。这些异常虽然没有直接安全后果，但暴露出组织体系或安全管理方面不足。

——0级：偏离（或一般事件），不会对核电站的核安全造成影响。偏差没有超出运行限值和条件，并且依照适当的规程得到正确的管理。如在定期检查或试验中发现冗余系统中有单一的随机故障、正常进行的计划反应堆保护停堆、没有明显后果的保护系统假信号触发、运行限值内的泄露、无更广泛安全意义上的受控区域内较小的污染扩散等。

表5-3 INES事件分级的一般准则

INES级别	人和环境	放射性屏障和控制	纵深防御
特大事故 7级	放射性物质大量释放，具有大范围健康和环境影响，要求实施计划的和长期的应对措施		
重大事故 6级	放射性物质明显释放，可能要求实施计划的应对措施		
影响范围较大的事故 5级	放射性物质有限释放，可能要求实施部分计划的应对措施。 辐射造成多人死亡	反应堆堆芯受到严重损坏。 放射性物质在设施范围内大量释放，公众受到明显照射的概率高。其发生原因可能是重大临界事故或火灾	

（续表）

INES 级别	人和环境	放射性屏障和控制	纵深防御
影响范围有限的事故 4级	放射性物质少量释放，除需要局部采取食物控制外，不太可能要求实施计划的应对措施。 至少有1人死于辐射	燃料熔化或损坏造成堆芯放射性总量释放超过0.1%。 放射性物质在设施范围内明显释放，公众受到明显照射的概率高	
重大事件 3级	受照剂量超过工作人员法定年限值的10倍。 辐射造成非致命确定性健康效应，如烧伤	工作区中的照射剂量率超过1希伏/小时。 设计中预期之外的区域内严重污染，公众受到明显照射的概率低	核电厂接近发生事故，安全措施全部失效。 高活度密封源丢失或被盗。 高活度密封源错误交付，并且没有准备好适当的辐射程序来进行处理
一般事件 2级	一名公众成员的受照剂量超过10毫希。 一名工作人员的受照剂量超过法定年限值	工作区中的辐射水平超过50毫希/小时。 设计中预期之外的区域内设施受到明显污染	安全措施明显失效，但无实际后果。 发现高活度密封无监管源、器件或运输货包，但安全措施保持完好。 高活度密封源包装不适当
异常 1级			一名公众成员受到过量照射，超过法定限值。 安全部件发生少量问题，但纵深防御仍然有效。 低放放射源、装置或运输货包丢失或被盗

2. 世界主要核电厂事故回顾

人类在和平使用核能的历史中,由于设计缺陷、设备质量、人为失误、自然灾害等原因,发生过许多核事故。公开的资料显示如下:

1) 1952 年 12 月,加拿大恰克河的一个反应堆由于机械故障和人为失误,导致功率骤增,发生氢气爆炸,堆芯损毁事故。

2) 1955—1979 年英国温茨凯尔共发生 5 起 4 级放射性物质泄漏事故。

3) 1957 年 9 月,前苏联乌拉尔南部的克什特姆镇附近的放射性废物储物罐的冷却系统失灵,发生了剧烈爆炸,导致大量放射性物质外泄事故。

4) 1961 年 1 月,美国的一个实验型反应堆,由于设计缺陷,在启动核电站时,发生蒸汽爆炸并熔毁事故。

5) 1969 年 10 月,法国圣洛朗核电站的一个气冷堆中,由于石墨退火,导致反应堆部分熔化和 50 千克的铀燃料熔化事故。

6) 1977 年 2 月,前捷克斯洛伐克的 Bohunice 核电站中,由于设计缺陷,以及人为失误,导致冷却异常,反应堆过热,冷却回路损坏事故。

7) 1979 年 3 月,美国三哩岛核电站 2 号机组发生严重的失水事故。

8) 1983 年 9 月,阿根廷布宜诺斯艾丽丝的 RA - 2 反应堆重新布置燃料棒时发生临界事故。

9) 1986 年 4 月,前苏联乌克兰境内的切尔诺贝利核电站 4 号机发生爆炸,巨量放射性物质外漏,导致震惊世界的核事故。

10) 1987 年 9 月,巴西戈亚尼亚某放疗机构由于管理不善,导致将装有铯-137 的放疗机中的铯-137 扩散,使平民严重受照和死亡事故。

11）1999 年 9 月 30 日，日本 JCOTokai 铀燃料处理工厂在生产铀燃料时，由于人为失误，发生了意外临界事故。

12）2003 年 4 月 10 日，匈牙利 Paks 核电站在清洗燃料组件过程中，由于设计缺陷和人为失误，导致 30 组燃料组件包壳破碎，燃料芯片散落在清洗容器内事件。

13）2011 年 3 月，由于 9 级地震引发的海啸，导致的日本福岛核事故。

14）2012 年 2 月 9 日，韩国古里核电站 1 号机组在计划内停堆换料期间，因人为失误和设备故障，导致全厂断电持续 12 分钟事件。

在上述核事件和事故中，有的导致了人员过量受照，甚至死亡；有的导致放射性物质释放在环境中，对公众和社会带了危害。核电厂事故导致 INES 分级在 5 级及以上的核事故，对人类社会影响较大的，如 1979 年的美国三哩岛核事故，1986 年的前苏联切尔诺贝利核事故和 2011 年的日本福岛核事故。

美国宾夕法尼亚州的三哩岛核电厂属于压水堆核电厂，1979 年 3 月 28 日，三哩岛核电厂 2 号机组，二回路主给水泵跳闸导致蒸发器失去主给水，随后由于设计相关问题以及人为失误导致事故扩大，最终部分堆芯熔化。事故的发生是一系列错误的最终结果，开始是凝结水净化装置故障，主给水断流，接着辅助给水隔离阀被关闭且未发现、稳压器泄压阀卡开且长时间未发现、手动停运一台安注泵并降低安注流量、手动停运主泵，最后导致堆芯融化。

事故发生后，安全壳起到了很好的屏蔽作用，大部分放射性物质得到包容，实际的放射性释放对个人健康的影响可忽略。事故对三哩岛地区约 2 百万人造成的平均剂量仅约 1 毫雷姆，与该地区因天然放射性本底剂量 125 毫雷姆相比，事故所引起的该区域集体剂量非常低。场区边界的最大个人剂量低于 100 毫雷姆，事故未造成人员伤亡，仅对电站附近半径 5 英里范围内的怀孕女性和学龄前儿童提出了撤离建议。

虽然事故的后果相对来讲不太严重,并没有导致任何核电站工作人员或者附近居民死伤,但事故发生后,全美震惊,核电站附近的居民惊恐不安,美国各大城市的群众和正在修建核电站地区的居民纷纷举行集会示威,要求停建或关闭核电站。三哩岛核事故被视为美国商业核电站运营史上最为严重的核事故,对美国的政治、经济带来了巨大的影响,导致公众对核电的恐惧、担心及不信任剧增,震惊了全美国,使美国的核电工业遭受了沉重打击。美国的核电发展在近几十年基本停滞不前,1978 年,美国核准最后一个核反应堆建造许可后,一直没有新建核反应堆。

三哩岛核事故也为核电厂的安全运行留下了许多教训反馈和改进。在防人为事故方面,设置了核安全工程师岗位,进行了设备再鉴定,并在作业过程中设置不同级别的验证点等。在事故管理方面,建立了标准化的应急组织,实施状态导向法,建立模拟机培训和增设事故安全盘(KPS)。在安全管理上美国成立了美国核电运行研究所(INPO),实行人员绩效和风险导向,建立严重事故管理规程,并加强国际合作与交流等。

前苏联乌克兰境内的切尔诺贝利核电厂为石墨堆型核电厂,1986 年 4 月 26 日,切尔诺贝利核电厂第四号核反应堆进行试验过程中反应堆发生爆炸,导致了目前人类史上最为严重的核事故。事故起因于设计上的严重缺陷和一系列严重违反运行规程的操作,目前分析认为,控制棒的短时正刹车效应导致插入控制棒停堆时功率暴走,是引起反应堆爆炸的直接原因。反应堆的设计缺陷,没有运行文件说明,技术负责人知识缺乏及主控室操纵员技术分析能力不足和错误的操作,最终导致事故的发生。

为迅速控制放射性物质的扩散,保障居民的生命安全,前苏联当局先后动员 80 万人参加了核污染的清理工作,迁移重灾区居民 27 万人,采取了一系列紧急措施。首先用直升机向反应堆中投放大量硼砂、黏土等材料，以阻止火灾和放射性物质大量外流。由于电站周围30半径千米范围是受灾最严重的地区，放射强度超过15居里/平方千米，当局及时全部撤离了居住在电厂旁普里皮亚季城的电厂工作人员家属，将电站周围半径30公里范围地区居住的13万居民撤离到安全地带，并对部分不愿意迁移者强行执行，并限制在灾区进行生产活动。为了防止反应堆再次爆炸，彻底阻止放射性物质继续泄漏，当局决定在破坏了的反应堆上紧急建造覆盖掩体。清理人员在放射强度高达每小时100 Gy（戈瑞）的环境下，多班轮流作业，在半年的时间内建成了石覆盖掩体，阻止了放射性物质继续外流。为了清除散落到电站周边地区的大量放射性物质，当局紧急调集了防化部队和民用防务人员，将含有放射性物质的土壤表层铲除，并装在特殊的集装箱里掩埋。清理人员还用布擦洗了核电站内部的放射性物质。这些清理措施大大降低了土壤和空气中放射性物质的含量。事故发生后，发生爆炸的4号机组被用钢筋混凝土封起来，电站周边半径30千米以内被定为"禁入区"。国际上，像美国、联邦德国等都派出了支援的技术力量。

切尔诺贝利核电厂核事故带来的危害是灾难性的。事故中，除两名电站工作人员因爆炸当场丧生，共有203人受到Ⅰ度以上的急性照射，其中29人在1个月以内死亡。事故清理者和污染地区居民发病率超过了全国平均水平，甲状腺癌的发病率倍增，清理者自杀现象增多，残疾者达到27%。核泄漏过程持续了10天，核反应堆泄漏出的大量锶、铯、钚等放射性物质扩散到前苏联一大部分地区及欧洲国家。半径30千米范围内的辐射强度超过每平方公里15居里。欧洲受核污染的区域超过了20万平方公里（高于每平方公里1居里）。仅俄罗斯受铯-137污染的耕地就达29万公顷，森林达98万公顷。事故使前苏联声誉一落千丈，瑞典、丹麦、芬兰以及欧洲共同体等向苏联提出强烈抗议。前苏联承担了巨大的社会压力和财政负担,据当时的苏联官方公布,这起事故造成的直接经济损失达 20 亿卢布(约合 29 亿美元),如果把前苏联在旅游、外贸和农业方面的损失合在一起,可能达到数千亿美元。1992～1998 年俄罗斯用于消除切尔诺贝利后果的财政预算为 460 亿卢布,支付事故清理人员和受灾区居民的津贴和补助达 360 亿卢布(高于 30 亿美元),乌克兰 30 亿美元。白俄罗斯在评估损失时指出,事故造成的经济损失是白俄罗斯政府 32 年的总预算,相当于 2350 亿美元。时至今日,参加救援工作的 83.4 万人中,已有 5.5 万人丧生,7 万人留有残疾,30 多万人受放射伤害而死去。同时,核污染给人们带来的精神上、心理上的不安和恐惧更是无法统计。目前,乌克兰共有 250 万人因切尔诺贝利核事故而身患各种疾病,其中包括 47.3 万儿童。事故后的 7 年中,有 7000 名清理人员死亡,其中 1/3 是自杀。参加医疗救援的工作人员中,有 40% 的人患了精神疾病或永久性记忆丧失。

切尔诺贝利核电厂核事故带来的后果是难以最终评估的,它不仅造成历史上罕见的经济损失,更重要的是它破坏了人类赖以生存的环境,也影响了当代和后代人的健康,直到现在这种危害还在进行,何时完全消除事故对人类带来的危害,人们还无从知晓。

福岛核电厂核事故发生在 2012 年 3 月 11 日 14 时 46 分,在日本福岛第一核电站的东北面发生 9 级强烈地震。福岛第一核电厂内共有 6 个沸水反应堆机组,地震发生时 4、5、6 号机正处于停机状态。当侦测到地震时,引发机组失去厂外电源,1、2、3 号机组立刻进入自动停机程序,应急柴油发电机自动启动。地震后大约 1 小时,地震引发了高达 14～15 米的海啸,海啸淹没了部分厂房,引起应急柴油发电机和部分专设安全设施不可用。此后,堆芯失去冷却后部分裸露,锆水反应产生了大量氢气,带有氢气的高压蒸汽通过安全阀排入抑压水池,引起内层安全壳的压力、温度超过设计限值,被迫向外层反应堆厂房排放,氢气排出后在反应堆厂房顶部聚集，1 号反应堆在 12 日、3 号反应堆在 14 日、2 号反应堆在 15 日、4 号反应堆在 16 日，先后发生氢气爆炸，核乏料池火灾，厂房破损，反应堆辐射物飞逸渗漏。9000 吨低辐射性污水和 2 万吨高辐射性污水排入大海，8.65 万吨有辐射性污水释放到环境中。3 月 12 日，日本政府要求福岛核电站周边半径 10 千米内的居民立刻疏散。辐射半径 10 千米范围内的居民都被迅速疏散，人数约 4.5 万人。稍后，又将疏散半径扩展至 20 千米。3 月 20 日，电力终于恢复供电，使得各个机组能够陆续重新获得自动冷却功能。但时至今日，事故处理并没有完成，处理事故产生的大量放射性废水排入了海洋，产生了海洋污染。

日本福岛核电站事故的主要原因是在出现超设计工况地震、叠加设计未预期的海啸、叠加 BWR 机组的特点情况下发生的，出现了失去全部电源、给水和冷源叠加事故工况，事故中部分专设安全设施未达到设计的响应要求，引起放射性向环境释放。事后国际原子能机构的调查表明，日本福岛核电厂低估了海啸风险（只具有抗击 6 米海啸的能力），严重事故管理准备，不足以应对多台机组的失效情况。另外，在事故处理早期，未能充分认识事故后果，希望能保全电厂，没有及时向反应堆注入硼，从而失去了有效的处理时机。

福岛核事故后，各国都进行了深刻的反思，我国暂停了新建核电厂的审批，并对在建和运行的核电厂再次进行了严格的安全评估，并要求今后的核电建设必须要有更高的的安全要求，如采用三代核电技术等。反思福岛核事故，我们认识到，自然灾害对核电机组的影响不是单机组的，而可能是多机组的。由于自然灾害有明显的不确定性，所以安全设计上对自然灾害的防范必须更加的科学，例如，福岛第一核电厂，至少对设计基准海啸高度假定进行了 5 次重新评估，并且 2 次采取重大的改进行动为可能越来越大的海啸做准备，包括提高海水泵海高度，以防止新假定海啸发生期间这些海水泵被淹。结果表明,防范 6 米的海啸的设计,不能满足 2012 年 3 月 11 日地震后产生的 10 多米海啸的破坏,仅凭电厂设计特点和运行程序无法完全缓解超设计基准事件引发的风险。必须做好其他响应准备,以应对超设计基准事件的发生。

3. 核电厂核事故应急计划与准备

核电厂根据《中华人民共和国职业病防治法》《中华人民共和国放射性污染防治法》《中华人民共和国突发事件应对法》《中华人民共和国民用核设施安全监督管理条例》《核电厂核事故应急管理条例》《国家核事故预案》等一系列法律、法规、行政命令的要求和国家标准的规定,都需要制定完善的《核电厂场内应急计划》,只有该计划得到了国家核管和环境管理当局的批准,核电厂才能正式运行。国家和世界核能协会也会定期组织专家检查、核实、评估该计划的完整性、有效性,并提出整改意见。同时核电厂所在的省、市的政府相关部门,也需要制定相应的管理规定和应急预案,为可能出现的核事故做好准备。

常备不懈、积极兼容,统一指挥、大力协同,保护公众、保护环境。是核应急的总方针。坚持统一领导、分级负责、条块结合、快速反应、科学处置是应急工作总原则。核电厂的核事故应急计划与准备主要包括:确定应急计划区、应急状态分级、应急组织与职责、应急设施和设备、应急通知和通报、应急运行控制和系统设备抢修、事故评价和应急监测、应急防护行动、应急照射控制、医学应急、应急补救行动、应急状态终止与恢复、培训与演习、应急计划与准备的维持等内容。

(1)应急计划区

核电厂为了核事故应急需要,都建立了应急计划区。根据国家标准《核电厂应急计划与准备准则应急计划区的划分》和核事故应产生的烟羽外照射（包括空气浸没、地面沉积的外照射）和吸入烟云、食入受污染的水、食品等食物造成的内照射，核电厂周围的应急计划区包括烟羽应急计划区和食入应急计划区。烟羽应急计划区和食入应急计划区的大小，根据事故释放出的放射性，计算其场外不同距离上的预期剂量和采取应急防护措施后可防止的剂量，并估算可能被污染的食品及饮用水的污染水平，将结果与核安全导则所推荐的干预水平值进行比较后确定。对于单一机组的核事故而言，我国某一核电厂明确规定：烟羽应急计划区半径为 10千米，其中分为内区（撤离区）和外区（隐蔽区），内区半径为 5千米。食入应急计划区半径为 50 千米。并分别制定了在不同核事故和放射性物质不同释放量情况下各分区的防护行动。

（2）应急分级

核电厂对可能发生的核事故和可能导致事故之事件的性质和特征、事故的后果或潜在后果及其严重程度，将核电厂的应急状态分为应急待命、厂房应急、场区应急和场外应急 4 个级别。在应急计划之中，规定了不同事故分级所需要启动的组织和行动。应急待命的特征是一些事件正在进展或已经发生，核电厂安全水平可能下降，但还有时间采取预防性措施以防止向更高级别的应急状态演变。在这类事件中，预期不会出现需要采取场外响应行动（如进行辐射监测）的放射性物质释放。厂房应急的特征是一些事件正在进展或已经发生，核电厂安全水平实际上或可能发生大的下降。然而，事故的辐射后果或可能的辐射后果仅限于某些厂房内部或核电厂局部区域。如果有放射性物质释放的话，所导致的电厂周围公众的有效剂量不会超过 1 毫希，甲状腺预期剂量不会超过 10 毫戈瑞。场区应急的特征是事故正在进展或已经发生，核电厂的一些安全设施的功能已经丧失或可能丧失。在这种应急状态下,可能出现堆芯损坏的情况,可能从电厂中释放出一些放射性物质。除在场区边界附近之外,预计在其他区域的有效剂量不会超过 10 毫希(即相当于应急防护行动的通用干预水平中隐蔽行动可防止的剂量值),甲状腺预期剂量不会超过 100 毫戈瑞(即相当于通用干预水平中服用碘片可防止的剂量值)。场外应急的特征是事故正在进展或已经发生,堆芯即将或已经极大损坏,甚至熔化,同时安全壳完整性可能丧失。在这种应急状态下,极可能从电厂释放出大量的放射性物质,事故的后果已经或可能使场区边界之外的有效剂量超过 10 毫希(即相当于应急防护行动干预水平中隐蔽行动可防止的剂量值),甲状腺预期剂量超过 100 毫戈瑞(即相当于通用干预水平中服用碘片可防止的剂量值)。针对核电厂的核事故分级,国家的应急预案中也有对应的相应级别。对应关系见表 5-4。

表 5-4　核电厂核事故响应级别

场内应急状态	场外应急响应等级
应急待命	四级
厂房应急	三级
场区应急	二级
场外应急	一级

（3）厂内应急组织

为了有效控制核事故,恢复机组正常状态,核电厂都要预先制定好相应的机构和组织并授权特定的人员实施应急计划。核电厂基本的核事故应急机构如下:

1) 应急指挥部:由应急总指挥、电厂应急指挥、电厂应急指挥助理、技术助理、公众信息助理及秘书和通讯员组成。应急指挥部是应急状态下的指挥中心,全面负责和指挥应急响应行动,以及与国家、地方及主管部门的应急组织的联系和协调。

2）运行控制组：在应急时将分为事故电厂的运行控制组和非事故电厂的运行控制组，前者的主要责任是控制事故工况，减小事故的后果和影响；后者的主要责任是以正常运行程序维持机组的安全状态。运行控制组由电厂当班运行人员组成。事故电厂运行控制组的职责是执行应急运行程序，控制事故工况，恢复和维持机组的安全状态，减少事故的后果和影响。初步评价应急状态，向应急指挥部报告机组情况，提供应急状态分级的建议。根据事故处理程序的要求，初步确定是否离开事故处理程序进入核电厂严重事故管理导则。向应急指挥部报告严重事故情况，提交进入核电厂严重事故管理导则的初步建议。按照应急指挥部决定执行核电厂严重事故管理导则的指令，离开事故处理程序，执行主控部分的核电厂严重事故管理导则，并及时与技术支持组联系，确认后者已经到位并开始使用其核电厂严重事故管理导则。当技术支持组开始使用部分的核电厂严重事故管理导则后，将事故机组的事故处置决策权移交给技术支持组，只执行主控部分的核电厂严重事故管理导则，并监督事故机组的事故状态。执行应急指挥部批准的和技术支持组提交的严重事故缓解行动，并将执行情况通报应急指挥部和技术支持组。向应急指挥部和技术支持组提供有关事故性质、规模的资料和数据。发布应急通知和事故报警信号。随时向应急指挥部报告事故的发展情况。执行电厂内消防和急救二级干预行动。运行控制组组长在非常紧急情况下（如通讯故障、交通事故、应急指挥中心不可用等）代行电厂应急指挥的职能。

3）安全防护组：由电厂的工业安全和消防、辐射防护、职业医疗和化学人员组成。应急状态下负责大亚湾、岭澳核电厂内的应急防护行动的实施和辐射监测、应急照射控制、化学取样和消防等。其职责是进行事故电厂内的辐射监测、取样分析和辐射安全水平的评价。对工程抢险和应急维修活动等应急行动提出工业安全和辐射防护的要求,并提供现场支持,控制应急照射。协调本电厂内的消防行动。组织实施人员急救和去污行动。组织和指导现场去污。了解事件或事故的最新动态和场区范围内的人员伤亡情况并向电厂应急指挥汇报,协助电厂应急指挥制定应急行动方案和指挥抢险救援行动。适时提出场内工作人员和场外公众防护的建议。与消防队、工程抢险队及医疗队等场外救援队伍联系,协助电厂应急指挥制定场内外联合救援抢险行动方案,协调场内外抢险救援力量。进行化学取样分析,并提供有关机组状态诊断、堆芯损伤评价及源项估算所需的化学数据;收集并保存应急状态下各阶段的有关资料和记录。

4) 技术支持组:由核安全、技术支持、培训、设备管理、执照申请、保健、物理和化学环保等部门的技术人员组成,其主要职责是获取和收集事故电厂的机组状态参数,对机组和设备系统状态进行诊断和预测,评估行动优先级,提供运行控制和应急维修的建议。分析评价堆芯损伤情况,估算事故源项,提供设备系统的性能参数,安全壳泄漏率的估算。核电厂区外环境辐射监测,气象参数的获取,估算可能释放或已释放的放射性物质量,并估算和评价其造成的辐射剂量后果。向指挥部提供电厂内人员隐蔽、服用碘片、撤离等防护行动,以及场外防护行动建议,获取上级或外部技术支援组织的技术支持等。在应急状态终止后的恢复阶段,确定辐射污染区的大小,提出污染区通道控制、食物和水源控制、区域去污的初步行动计划和防护措施。

5) 维修服务组:由维修处相关人员组成,其职责是制定应急维修方案,组织应急期间所需要的应急维修队伍,确保维修方案得到实施,进行设备与系统损伤的探查、控制和检修。参加工程抢险和抗灾行动,实施应急防护行动方案,对电厂技术厂房内失踪人员的搜寻和救援,实施现场去污。

6) 后勤保卫组:主要由电厂的行政后勤、保卫、消防、治安和通信抢修人员组成,其主要职责是提供后勤支持,确保应急所需的物资供应;组织人员撤离和安置,保证应急响应和应急撤离所需的交通运输车辆;应急通信保障;组织人员的集合、清点、隐蔽、服用碘片和撤离等应急防护行动。收集汇总(包括承包商)集中清点的信息和失踪人员的名单。核电厂的保卫和出入口控制,执行三级消防行动,参与抢险救灾活动。由于我国核电厂多靠海边,还需协助进行海上监测,通知核电海域内的船只远离电厂。通过流动呼叫通知电厂人员采取集合、隐蔽等应急防护行动,应急撤离的场内交通秩序控制。厂房以外区域失踪人员的搜寻,联系获取场外治安保卫和消防的支持等。

(4)主要的应急设施设备

主控制室是核电厂正常和事故工况下实施电厂运行控制的中心,也是应急响应期间运行控制组的工作场所,其应急响应期间的主要功能:①对反应堆运行状态进行集中控制和监测,显示并提供安全参数;②在应急初始阶段应急指挥部启动到位之前可作为应急指挥的中心,并发出早期应急警报;③在应急的各个阶段,对电厂实施运行控制,分析和诊断事故状态,提出应急状态分类建议,保证安全状态的重新恢复或尽可能减少事故后果。

应急停堆盘是在主控制室因火灾等原因不能停堆时,可用应急停堆盘代替执行。用应急停堆盘可使反应堆迅速达到并维持在冷、热停堆状态。应急停堆盘装有控制装置和仪表,通过其对相关的系统进行操作,以达到:排出堆芯余热;控制反应堆冷却剂的压力和体积;往反应堆冷却剂加入硼酸,使反应堆保持在次临界状态;使必要的辅助系统保持运行。

电厂急救机构是核电厂根据国家三级救治要求的第一级救治。主要是完成伤员的分类,严重伤员的现场救援,伤员转送,放射事故人员的早期干预(阻吸收、促排等),人员体表污染后的去污等。配备有救护车等一般现场救护设备，并建有去污室、伤员观察室等。核电厂急救机构通常都与有放射损伤救治能力的医疗机构建立了合作关系，保证了辐射损伤人员救护的绿色通道。目前，我国建立了近 20 个核事故人员救治基地，分布在各核电站周边城市，确保了核事故伤害人员的专业化救治。

化学实验室在应急响应期间的主要功能是对反应堆冷却剂系统、二回路以及流出物进行放射性取样分析。实验室配备有样品制备装置，放射性总 α、β、γ 测量仪和 γ 谱分析仪器。化学实验室具备应急通信的功能，但在严重事故下不具备可居留性，此时化学取样分析人员应转移到其他安全区域（如主控制室）待命。

核电应急指挥中心是应急响应期间指挥和协调核电基地内一切核应急响应行动的场所，一般为独立的建筑，主要的应急组织及人员在内工作。主要有通风空调系统、柴油发电机组、电气配电盘和蓄电池组等。建筑有一定的防辐射要求，对 γ 外射线有足够的屏蔽能力，通风系统设置高效过滤器和碘过滤器对进入楼内的空气进行过滤，以减弱楼外受污染的空气进入室内对人员造成吸入内照射。按设计计算，在严重事故下，整个应急响应期间楼内人员可能接受到的有效剂量小于 50 毫希。中心入口配备有便携式表面污染监测仪，对进出中心的人员和设备、物资等进行污染检查。去污间配备有可对污染人员进行淋浴式去污、头部去污和体表局部去污的设施设备，以及干净的衣物。此外，在中心还配备有碘片、个人剂量监测仪表及防护面罩。中心备有独立的应急柴油发电机和蓄电池组，可确保外电源丧失后应急指挥中心内重要应急设备和求生安全设备的电源供电。发电机房设置噪声隔离门，防止噪声对其他房间的影响。中心内设有厨房、休息室、食品储存间和必备的生活设施，储存有足够的生活用水和食品，可供数十人生活数天。中心内的通信和计算机系统可发布核电厂范围内的 BP 机寻呼、广播和声响警报。其应急指挥网络以及各种功能的通信设施设备,可实时获取各机组重要实时运行参数、核电厂内重要部位的辐射水平监测数据、实时气象数据和环境 γ 辐射监测数据。这些数据信息经过处理形成特定的数据组、表或图的形式,供应急指挥部、各应急响应小组和场外相关应急管理部门调用和查询。同时这些数据在应急期间均实时传送国家核安全局等场外应急组织。

技术支持组设在应急中心内,为技术支持组成员在应急响应期间进行机组状态评价、事故后果评价和环境监测,并向指挥部提供运行维修和防护行动建议的工作场所,同时,也是基地内外技术支援专家在应急响应期间的活动场所。技术支持组配备有机组状态诊断与预测计算机辅助系统、事故后果评价计算机辅助系统、应急指挥局域网和气象参数与环境辐射剂量率监测系统。另外,在中心内再配置技术支持组一套备用应急设备,作为多机组事故应急情况下技术支持组增援人员响应的地点,以满足多机组事故响应的需要。

应急行动中心在进入任何一级应急状态时,应急行动中心提供维修服务组、安全防护组及调度现场执行人员实施应急行动活动的场所。作为独立建筑,中心具有足够的辐射屏蔽和密封性能,在设计基准事故下具有可居住性。中心配备有柴油发电机和蓄电池组作为后备电源。中心的入口处设有监测去污室,配备有表面污染监测仪供进入该楼人员进行表面污染检查,淋浴间可作清洗去污之用。此外,该中心设有厨房并储有一定数量的食品和饮水,可供应急行动人员在此生活数天。根据抢修的需要,应急行动中心配备了维修专用工具、便携式仪器仪表等。

实体保卫监控中心体一般可以设置在应急行动中心内,也可单独设置。保卫值班人员在该中心对所辖区域实施 24 小时监控。

环境实验室有样品制备间,总 α、β、γ 测量和 γ 谱分析间,样品档案间等。可在应急状态下兼容使用的部分仪器设备(如 γ

谱仪和热释光剂量仪)。在正常情况下,环境实验室用于分析和测量放射性很低的环境样品(大气飘尘、海水、雨水、土壤、食物链和热释光样品),在应急条件下环境监测车将对厂址周围半径为 20 千米的区域内 γ 剂量率和大气飘尘进行监测和取样分析。环境实验室主要设备有:①低本底流气式 α 或 β 测量仪;②低压丙烷火焰分光光度计;③低本底液体闪烁测量仪;④总 γ 测量仪;⑤热释光剂量测量仪;⑥ γ 能谱分析仪;⑦环境监测车(内设有卫星定位仪和无线通信传输的 γ 能谱分析仪和 γ 剂量率测量仪及取样设备等)。

电厂现场辐射防护人员值班室设在进入厂房的冷、热更衣间之间,设有 C1 和 C2 门,专门对出辐射控制区的人员服装及体表进行监测,其中 C1 门主要测量工作服有无放射性污染,C2 门主要测量人体体表有无污染。其旁有现场人体去污间,对体表污染者进行初步的洗消去污。辐射防护值班室具有足够的辐射屏蔽能力,在设计基准事故范围内仍然可以居住。

应急集合点是各核电厂根据电厂面积、建筑、人员分布等因素设立的,一般都设置在工业厂房、餐厅、办公楼内。这些集合点地方,空间较大、易封闭、周围人员容易到达,并且能够进行人员清点、隐蔽和撤离等行动。

4. 核事故应急时的防护

当事故电厂释放或可能释放的放射性物质威胁到电厂员工和电厂周围公众的健康和安全时,应急组织需要采取干预行动,保护广大员工和公众的安全和健康。干预行动一般包括两个方面,即针对核电厂人员的防护行动的实施和针对公众的防护行动的建议。不参加应急响应行动并可以撤离电厂的人员,其采取防护行动的原则与场外公众的一致。针对公众的防护行动包括隐蔽、撤离、服用碘片、污染食物和水的控制,以及中长期防护行动,如食品和饮水控制、避迁和永久搬迁等。而针对参加应急响应的员工则按照应急照射控制原则加以控制。

应急干预应遵循下列原则：

——尽一切可能的努力以防止严重的确定性效应；

——干预行动给受影响人群带来的利益应大于它所带来的危害、风险和代价；

——干预行动在其形式、持续时间和实施范围的选择上是最优化的，也使得干预所带来的净利益为最大。

为防止产生严重的确定性效应，当受照剂量达到或超过产生严重确定性效应的剂量阈值时，采取干预行动是正当的。表5-5中的急性照射剂量行动水平为在任何情况下进行干预都认为正当的应急照射剂量水平，当预期剂量和剂量率达到或超过这些水平时就应当采取干预行动。

表5-5　急性照射的剂量水平

器官或组织	2天内器官组织的预期吸收剂量（戈瑞）
全身（骨髓）	1
肺	6
皮肤	3
甲状腺	5
眼晶体	2
性腺	3

注　在考虑应急防护的实际行动水平的正当性和最优化时，应考虑当胎儿在2天时间内收到大于约0.1戈瑞的剂量时产生确定性效应的可能性。

通用优化干预水平和行动水平作为应急照射情况下的干预水平。适合于应急防护行动的通用优化干预水平列于表5-6中，如果可防止剂量超过该水平时，就应考虑采取相应的防护行动。

表 5-6　应急防护行动通用优化干预水平

防护行动	通用优化干预水平(可防止的剂量,毫希)
隐蔽(期限不超过2天)	10
临时撤离(期限不超过1周)	50
服用碘片	100(甲状腺待积吸收剂量)

表 5-7列出了食品限制的通用行动水平,如果不存在食品短缺和其他社会经济因素,该水平适用于被消费的各种食品。

表 5-7　食品通用行动水平

核　素	一般消费食品 (千贝克/千克)	牛奶、婴儿食品和饮水 (千贝克/千克)
Cs-134,Cs-137,Ru-103, Ru-106,Sr-89	1	1
I-131	1	0.1
Sr-90	0.1	0.1
Am-241,Pu-238,Pu-239	0.01	0.001

中长期防护行动的通用优化干预水平列于表 5-8中。

表 5-8　较长期防护行动通用优化干预水平

防护行动	持续时间	通用优化干预水平(可防止的剂量,毫希)
开始临时性避迁	1个月内	30
终止临时性避迁	1个月内	10
永久性再定居	终生	1000

为了便于实际操作,表 5-9列出的在典型事故条件下,根据通用优化干预水平推导得到的操作干预水平,将作为首次测量或事故情景不明了或与表中的假设条件接近时的操作干预水平(operational intervention levels, OIL)。

表 5-9　操作干预水平

序号	定义	操作预预水平		推荐防护行动	假 设 条 件
OIL1	烟羽环境剂量率	1毫希/小时		撤离	堆芯熔化事故后泄漏的放射物质导致的吸入剂量是外照射剂量的 10 倍,烟羽照射 4 小时。该防护行动的可防止剂量为 50 毫希
OIL2	烟羽环境剂量率	0.1毫希/小时		服用碘片、临时隐蔽	堆芯熔化量事故后泄漏的放射性物质导致的吸入甲状腺剂量是外照射剂量的 200 倍,烟羽照射 4 小时。该防护行动的可防止剂量为100 毫希
OIL3	地面沉积环境剂量率	1毫希/小时		撤离	辐照时间一周,由核素衰减和屏蔽等因素造成剂量减少 75%。该防护行动的可防止剂量为 50 毫希
OIL4	地面沉积环境剂量率	0.2毫希/小时		临时壁迁	地面污染的核素组成为堆芯熔化混合核素在事故后 4 天的典型值,由衰变和环境因素造成的衰减因子为50%,30 天该防护行动可防止的剂量为 30 毫希。该 OIL 适用于停堆后 2~7 天
OIL5	地面沉积环境剂量率	1微希		食品和牛奶和预防性禁用	假设由这些高于本底的污染地区生产的食品或牛奶其污染可能会超过通用行动水平
OIL6	地面沉积中的碘-131 活性	普通食品	牛奶	禁止食用食品和牛奶	①碘-131 为主要核素(适用于停堆后 1~2 个月);②食品受到直接污染或奶牛直接食用受到污染的牧草;③污染食品未经国加工处理;④对应的通用行动水平为表 10.3 中的第 1 和第 5 组
		10 千贝克/平方米	2 贝克/平方米		
OIL7	地面沉积中的铯-137 活性	2 千贝克/平方米	10 贝克/平方米	禁止食用食品和牛奶	①铯-137 为主要核素(适用于停堆 2 个月后);②食品受到直接污染或奶牛直接食用受到污染的牧草;③污染食品未经加工处理;④对应的通用行动水平为表 10.3 中的第 1 和第 4 组

（续表）

序号	定义	操作预预水平		推荐防护行动	假设条件
OIL8	食品、水或牛奶样品中的碘-131的活性	普通食品 1千贝克/千克	牛奶和水 0.1千贝克/千克	禁止食用食品、牛奶和水	①碘-131为主要核素（适用于停堆后1～2个月）；②污染食品未经加工处理；③对应的通用行动水平为表10.3中的第1和第5组
OIL9	食品、水或牛奶样品中的铯-137的活性	0.2千贝克/千克	0.3千贝克/千克	禁止食用食品、牛奶和水	①铯-137为主要核素（适用于停堆2个月后）；②污染食品未经加工处理；③对应通用行动水平为表10.4中的第1和第5组

注　OIL为操作干预水平。

参加处理核事故的应急人员，可能会受到应急照射。应急照射是指在应急状态的情况下，人员因参加有组织的减小事故后果和恢复正常状态的活动而接受的辐射照射，然而，接受应急照射除了符合自愿和正当性、最优化原则外，还可根据以下条件综合考虑：

——使设施设备恢复到受控状态或者为了防止事故状态升级的行动；

——防止放射性物质非计划释放的行动；

——防止火灾、爆炸等事件的发生而必须采取的行动；

——减少或防止公众或其他非应急响应人员的照射而执行防护行动（如撤离）所必须采取的行动，如交通控制、碘片分发、驾驶撤离车辆等；

——医疗救护行动；

——保护财产行动；

——与事故评价相关的取样、监测等活动；

——辐射监督与测量、去污等活动。

应急照射应当避免严重确定性效应的产生,除非是为了拯救生命或防止公众成员免受远高于产生严重的确定性效应的照射。一般而言,当从事上述活动时,首先应尽一切合理的努力使个人剂量限制在单一年份最大剂量限值的2倍以下。除去为抢救生命而采取的行动外,此时应尽一切努力使照射剂量低于单一年份最大剂量的10倍。当行动中工作人员所受的剂量可能达到或超过10倍时,只有当给他人带来的利益明显大于他们本人承受的危险时,才采取行动。表5-10是根据国家规定的工作人员的剂量限值,对电厂应急工作人员在事故期间的应急照射给出的剂量控制水平。

表5-10　应急照射剂量控制水平

	应急任务	有效剂量(毫希)	备注
1*	——拯救生命行动 ——防止堆芯损坏或堆芯损坏时大量泄漏,并且行动给他人带来的利益明显地大于他们本人承受的风险	>500	① 如果行动是正当的,仍然必须尽一切努力来降低工作人员的受照剂量; ② 接受过辐射防护培训,熟悉各种防护措施; ③ 充分了解即将接受的辐照的危险情况; ④ 由职业医疗医生参与评价; ⑤ 自愿的
	——防止堆芯损坏或堆芯损坏时大量泄漏	<500	
2	——防止公众严重损伤; ——避免大的集体剂量; ——防止向重大或灾难性事故的演变; ——反应堆安全系统的恢复; ——场外环境剂量率监测(γ剂量率)	<100	① 接受过辐射防护方面的培训,熟悉防护仪器的使用方法; ② 了解即将接受的辐照的危险情况; ③ 需要时由职业医疗医生参与评价; ④ 自愿的
3	——短期恢复操作; ——实施防护行动; ——环境取样	<50	① 接受过辐射防护方面的培训,熟悉各种防护措施; ② 需要时由职业医疗医生参与评价; ③ 了解潜在的辐照后果; ④ 自愿的

（续表）

应急任务	有效剂量 （毫希）	备　注
4　——长期恢复操作； 　　——与事故没有直接关联的 　　　工作	按职业 照射控制	

注　*：在1类应急干预行动中，除去为抢救生命而采取的行动外，必须尽一切努力把剂量保持在单一年份最大剂量限值的10倍以下（500毫希），以避免对健康的确定性效应。此外，在采取行动的工作人员所受的剂量可能达到或超过500毫希时，只有当给他人带来的利益明显地大于他们本人承受的风险时，才采取行动。

在实际应用中，常常来不及或不能进行空气取样以估算内照射剂量，因此，以外照射剂量表示的控制水平更易于操作。表5－11给出了外照射剂量控制水平。

表5－11　应急照射全身 γ 外照射剂量控制水平

应急任务	外照射剂量 （毫希）	备　注
1　——拯救生命行动； 　　——防止堆芯损坏或堆芯损 　　　坏时大量泄漏，并且行动 　　　给他人带来的利益明显 　　　地大于他们本人承受的 　　　风险	>250*	①如果行动是正当的，仍然必须尽一切努力来降低工作人员的受照剂量； ②接受过辐射防护培训，熟悉各种防护措施； ③充分了解即将接受的辐照的危险情况； ④由职业医疗医生参与评价； ⑤自愿的
——防止堆芯损坏或堆芯损 　　　坏时大量泄漏	<250*	
2　——防止公众严重损伤； 　　——避免大的集体剂量； 　　——防止向重大或灾难性事 　　　故的演变； 　　——反应堆安全系统的恢复； 　　——场外环境剂量率监测（γ 　　　剂量率）	<50*	①接受过辐射防护方面的培训，熟悉防护仪器的使用方法； ②了解即将接受的辐照的危险情况； ③需要时由职业医疗医生参与评价； ④自愿的

（续表）

	应 急 任 务	外照射剂量 （毫希）	备 注

3	——短期恢复操作；
	——实施防护行动；
	——环境取样
		<25*	① 接受过辐射防护方面的培训，
			  熟悉各种防护措施；
			② 需要时由职业医疗医生参与
			  评价；
			③ 了解潜在的辐照后果；
			④ 自愿的

4	——长期恢复操作； ——与事故没有直接关联的 工作	按职业 照射控制	

注 ＊：假设已经服用了碘片；如果没有服用，将这些剂量值除以 5；如果空气中没有放射性物质或者已经提供了充分的呼吸保护，将这些剂量值乘以 2。

应急受照人员的确定，应当是身体健康的放射性工作人员，受照前应当得到相关管理人员的批准和职业医师的工作适任性评价。同时，该人员应当熟悉现场情况、接受过超剂量照射危险知识和应急知识方面的培训。

第五节　核电厂在核事故时对人员的救援

根据三哩岛、切尔诺贝利及福岛核事故的处理经验教训，一旦发生核事故，当地政府，核电厂运营机构的应急准备及有效实施是决定事故后果的重要原因。公众与处理核事故的人员在防护和自救互救上有所不同。公众在核事故时，必须遵守当地政府的指挥，有计划、有步骤的进行，避免因各自独立行动，造成社会混乱。在核事故时，注意关注政府通过广播、宣传车及社区、街道的基层组织发布的信息，采取相应的行动，如紧闭门窗、到指定区域集合撤离、有组织搬迁、食物（包括饮水）控制、服用碘片等。

核电厂都会制定核事故医学应急方案，该方案包括核电厂救援组织及人员组成、医学救援设备设施的准备、不同核事故状态下的行动、伤员分类及现场急救、伤员转送、外部医学支持单位及接口、人员的急救培训等,最大程度的保障核事故处理人员生命和健康。

核电厂现场救援应遵循避免死亡、降低伤残、迅速有效、先重后轻、保护抢救者与被抢救者的原则。对于严重受伤、多发伤、复合伤(包括放射性复合伤)等伤员,本着避免死亡、降低伤残优先的原则实施救护。伤员抢救尽可能按属地化原则处理。单纯放射性损伤,应早期转送到医学支持协议机构处理。

核事故时核电厂急救机构的主要任务是搜寻或发现伤员,并进行分类诊断。对于3人以上的群伤伤员需进行紧急分类,抢救"需紧急处理"的伤员,撤离"可延迟处理"的伤员;根据现场急救一般原则提供院前急救;初步估计人员受照剂量;发现内污染或大剂量照射者尽早使用阻吸收或抗放药物;对人员进行放射性污染检查和去污处理;收集、留取可供估算受照剂量的物品和生物样品;填写伤员登记表,根据初步分类诊断将各种急性放射病、放射复合伤和内污染者以及现场不能处理的非放射性损伤人员,转送到场外支持单位;现场救护人员要穿戴防护衣具,必要时服用阻吸收和抗放药物。

1. 不同的应急状态采取相应的医学应急响应行动

(1) 应急待命

1) 急救机构部分人员启动。

2) 人体体表去污设施启动可用。

3) 核事故应急救护车启动。

4) 通知急救机构其他医护人员做好急救准备。

(2) 厂房应急

1) 急救机构人员全部启动,成立医疗救护组,确定正式组内成员。

2）进入急救待命状态，在岗人员到岗，坚守各自的工作岗位。

3）随时接受人员污染或人员受伤的救护指令。

4）需要时，建立现场临时救护基地并提供医学支持。

（3）场区或场外应急

1）当现场和工作区域不可居留时，医疗救护组全体人员接指令后，与救护车一起撤离到应急楼（有抗辐射能力建筑）待命。

2）急救机构准备启动场外撤离去污设施。

3）等待急救或撤离指令。

2. 应急状态下人员受伤救护行动

（1）现场救援

1）搜寻队或目击者向应急指挥部呼救，开始早期救护。

2）应急指挥部下达救护指令，并经安全防护组长，由医疗助理组织协调急救机构，实施伤员急救、接收、转送和跟踪报告。

3）发生意外照射时，根据情况实施应急照射控制。

4）医疗助理评估现场救护力量，如果必要，请求其他专业或场外支援。

（2）外部支持

核电厂的急救机构属于三级救援的现场救援部分（一级救援），当救援力量和技术不能满足救援要求时，核电厂可以通过以下方式获得救援的外部支持。

1）通过当地"120"急救系统，请求当地医疗机构对一般伤员进行急救支援。

2）当救援达到一定规模时，通过当地政府或国家医学应急组织，请求省和或国家级的医学救援支援。

3）在公众撤离或事故控制时，可以通过当地中国人民解放军相应的医学应急组织支援。

4）核电厂可与有合同关系、有放射医学应急支持能力的相关医疗机构合作，让他们提供医学救援，包括放射性复合伤的远程和现场支持、接受以电离辐射损伤为主的伤员转诊和医疗处置。

3. 污染人员的处理

参与核事故处理的人员，一旦体表受到放射性物质污染，有造成内污染、皮肤放射性损伤及污染物质扩散的风险。因此，体表污染后必须及时去污。核电厂都设有专门的人体放射性皮肤污染去污室，头面部污染、伤口污染、受伤人员的污染等有内污染风险的人员，都要在去污室进行医学去污。原则上，皮肤上存有放射性核素都应去除，对于体表污染人员分类救治时，两倍于天然本底时应当进一步测量和去污，10 倍于天然本底时或体表 γ 剂量率>0.5 微希/小时为严重污染，必须快速去污。体表去污方法一般有物理去污、化学去污和手术去污等，大多数的体表污染通过物理去污方法都能有效达到去污目的。物理去污是用软毛刷或海绵、棉球加皮肤去污剂，进行污染部位的擦洗，也可以用粘贴的方法去污。化学去污，常用 5％高锰酸钾溶液洗刷或浸泡污染部位 3～5 分钟，再用 5％硫代硫酸钠脱色，可以去掉与皮肤结合较为紧密的皮肤污染。根据不同核素的污染还可以选用二乙基三胺五乙酸（EDPA）溶液、1.4％重碳酸盐溶液、卢戈溶液、食用醋等化学溶液进行去污。对于有内污染风险的体表污染，如头面部污染、伤口污染和大面积皮肤污染等，去污完成后还应当进行全身计数器检查，以确定有无内污染事故发生。

4. 核事故时碘片的使用

核事故时有大量的放射性碘释放到空气中，是产生辐射危害的主要原因之一。碘的放射性同位素有 10 多种，其中，碘-131 是对人体威胁最大的。它通过人体呼吸从呼吸道或摄入的食物、饮水从消化道或皮肤进入人体，引起内照射。它也可以通过直接产生的 γ、β 导致人体外照射。但研究认为，放射性碘的主要危害是内照射，进入体内的放射性碘，被人体甲状腺所聚集，对甲状腺产生伤害。甲状腺是生长在人体颈部的重要内分泌器官，通过产生甲状腺素来调节人体的新陈代谢，产生甲状腺素过多，就会患"甲状腺机能亢进"，产生甲状腺素过少就会患"甲状腺机能减退"。放射性碘能导致急、慢性甲状腺炎、甲状腺结节、甲状腺机能减退，甚至诱发甲状腺恶性肿瘤，对儿童还会影响生长发育等。

由于甲状腺的有聚碘特性，一旦聚碘饱和，多余的碘就会被人体代谢掉。经呼吸道进入的碘，5 分钟后大约 60％的碘被吸收，40 分钟后 80％的碘被吸收，3 天时 100％吸收。经过消化道的碘，1 小时后 70％～85％的碘被吸收进入血液，3 小时后 100％进入血液。吸收进入血液的碘 30％被甲状腺聚集，70％从泌尿系统排出。所以核事故时，要提前服用无放射性的稳定碘来保护甲状腺。国内外的研究者发现，放射性碘进入体内前 2～24 小时，服用稳定性碘，甲状腺可以得到有效的保护，以提前 12 小时服用为最佳。当核事故发生后再服用稳定性碘，对甲状腺的保护就有所下降。一般而言，事故几个小时后服用稳定性碘，对甲状腺的保护就只有 60％左右了。由于碘在体内的代谢特点，稳定性碘在体内 24 小时后，保护作用会消失 50％，而处理核事故的人员往往会连续在事故现场工作，这样应急人员就需要每日服用稳定性碘。目前，我国生产的稳定性碘为碘化钾片剂，每片 130 毫克，含稳定性碘 100 毫克，9 片/瓶。核事故时，核电厂撤离人员服用碘片是核电厂应急指挥部根据现场放射性监测的结果，发出碘片服用通知。应急抢修人员，由于可能接触更多放射性，所以通常由核电厂的职业医师，综合评估后，提前为抢修人员发放碘片，具体服法是，每日服用一片，连续服用，不超过 10 天。核电厂周边的公众是否服用碘片，必须由政府核事故应急管理部门根据事故规模,放射性物质释放情况,听取相关专业的意见,综合考虑后决定。由于稳定性碘有一定的副作用,婴儿、儿童、孕妇、成人的使用情况不尽一致,所以政府作出服用碘片的决定是十分慎重的。公众服用碘片,一般儿童为成人剂量的 50%,婴儿为成人剂量的 25%。

核电厂按电厂工作人员(包含承包商)的总人数,准备好一定数量的碘片,碘片正常情况下,分发配置在各应急集合点,并在应急指挥楼和电厂医学救援部门储存。在核事故应急时,集合清点的负责人,可以从集合点物品柜中获得碘片,但必须根据应急指挥部的指令,决定是否发放碘片给撤离人员服用,集合清点负责人根据集合清点的人数,还可以向应急指挥部申请更多数量的碘片。核电厂对碘片实行了严格的管理,应急集合点的碘片定期检查,及时更行。储存点的碘片在常温下避光保存,满足了核事故应急计划的要求。

本章主要论述在核电场内的应急救援。关于核事故发生后的应急救援,在各章节中已述,本文不多赘述。

(陈克非)

第 六 章

核武器的防护及救治

世界上任何科学发明及发现，都具有两面性。核能的发现，它既可以制造成核电站，发电造福于人类，也可以成为核医学的重要组成部分。然而，同样可以制造成大规模杀伤武器，原子弹、氢弹、核导弹等毁灭人类。这一章就是介绍这种武器的杀伤、破坏情况及防护、救治问题。

第一节　核武器的概况

1. 核武器

世界上的万物都是由原子组成的，原子由质子、中子、和电子组成的。就是利用原子核能做成的武器，统称为核武器。

2. 核武器的分类

利用铀及钚元素的原子核分裂释放出的能量做成的武器。统称其为原子弹，装在导弹上发射名叫核导弹。装在普通炸弹中爆炸，威力较小，但污染很大，而且持续较久，称其为原子脏弹。

利用氢元素的同位素氘、氚的原子核聚合到一起释放出的能量做成的武器，则命名为氢弹。装到导弹上发射同样命名为核导弹。

3. 核武器的杀伤能量

核武器的杀伤能量同普通的黄色炸药（TNT）爆炸后发生能量作对比，所以核武器发挥的能量统称为 TNT 当量。例如 5 千克的铀和钚做成的原子弹的爆炸能量相当于 2 万吨 TNT 爆炸的能量，所以通常称该原子弹为 2 万吨 TNT 当量。在第二次世界大战的 1945 年 8 月 5 日和 9 日，美国在日本的广岛、长崎投下的原子弹各约为 2 万吨 TNT 当量。如果同样的氘氚聚变其威力可以是成倍的增长。

4. 原子爆炸杀伤实例

人类永远记住这样一个时刻，1945 年 8 月 6 日 8 时 15 分，美军一架 B–29 轰炸机飞临日本广岛市区上空，投下一颗代号为"小男孩"的原子弹。炸弹在距地面 580 米的空中爆炸，8 点 16 分到 24 分，日本广岛上空一道红色的闪光和蘑菇云，渐渐扩展开来，变成一个几百米高的火球。火球中心温度高达摄氏 5000 度。在爆炸上空，辐射 1.5 千米的半径范围内引起了熊熊大火。3 千米内的东西全部都烧着了。广岛军民共 32 万人。其中 8 万人死亡或重伤。巨大的冲击波将广岛 9 万幢建筑物中 6.2 万幢全部摧毁，其中包括所有的公共设施……广岛一片火海。还未计核辐射的损伤及落下的放射灰尘对后世的持续影响。

就同月的九日，日本长崎也遭到了同样的命运。美军又出动 B–29 轰炸机将代号为"胖子"的原子弹投到日本长崎市。长崎市约 60% 的建筑物被毁，伤亡 8.6 万人，约占全市总人口的 37%。

两颗原子弹瞬间造成 20 多万人的伤亡。核辐射的灾害尚未计算在内。

第二节　对付核武器

1）全世界人民团结起来，进一步反对使用核武器。逐步销毁核武器，希望全世界没有核武器！

2）谁要敢使用核武器，全世界有核国家应以牙还牙，以其人之道，还治其人之身。

3）在目前状况下我们要有组织有计划学会防护核武器，预防为主是第一位的。只有了解这方面的知识，在发生这种情况时才能将损失减少到最低限度。即做到：①要有这方面的知识，了解其杀伤因素及应对办法。②要作到有备无患，除学习这方面知识，还要做好思想、物质准备。③如有核爆炸的可能，一是警报前或之时迅速进入民防工事，地铁及房屋内则尽量躲避在承重墙及门框下等位置。二是一定要离开危房、车、墙等易倒之地。离开易燃、易爆之物资。三是准备好防护衣及白单、布裹住裸露身体部位。

第三节　核武器的杀伤因素及损伤

1. 杀伤因素

核爆炸后产生 4 种杀伤因素。①冲击波伤；②光辐射伤；③贯穿辐射也叫电离辐射伤，又叫放射损伤；④放射性落下灰损伤。这 4 种杀伤的前 3 种是瞬时杀伤因素，后一种叫延迟损伤作用。所谓瞬时，即是核爆炸当时立刻发生。后一种是放射性灰尘落到人们裸露的部位或呼吸及食入有落下灰的饮食所造成的放射性损伤。放射性灰尘若不及时清除，会沾染较长的时间，从而对人体造成损害。

2. 造成损伤的形式

冲击波分为直接及间接两种损伤,直接就是由冲击波对人体冲击或气压等直接造成损伤;而间接是因房屋、树等受冲击波影响而倒塌所至人员的损伤。光辐射也有直接和间接两种,直接就是光辐射直接烧到人体裸露部位如眼睛,间接则是先烧到其他易燃物而致人烧伤。贯穿辐射和 X 射线类似,可以穿透人体各部位而造成损伤。落下灰沾染到衣服和伤口上或以呼吸、食入等方式对人体产生放射性损伤。所以,称为延迟辐射损伤,也称为内照放射病。

第四节　防　与　治

1. 如何防

（1）主动防护

主动防护即团结全世界人民反对使用核武器。

（2）被动的防护

1）学习掌握核爆炸杀伤因素,进行及时有效的对应防护。

2）应提高警惕,经常进行演练。

3）准备好防护器材。

4）有警报迅速撤离,如立即进入防空洞、地铁、地下室及尽量在室内承重墙根及门框部位。

5）紧闭门窗及遮盖身体裸露部位。

6）躲于大山背面及利用地形地物阻挡即时发生的损伤。

7）将食物及饮料埋进地下以备将来应用。

8）可预防性服用碘片。

2. 如何治

1）冲击伤及光辐射烧伤的治疗与一般外科诊治相同。这里不多赘述。

2）特有核辐射损伤的治疗办法分轻、中、重及极重度损伤。其治疗方案：①轻度放射损伤，给以增强免疫力即可。②而中度及中度以上的损伤可以应用治疗放射病方案治疗，首先应用抗辐射药，即苯甲酸雌二醇4毫克1次，再过3～4天，重复注射1次。同时，要加强无菌隔离，预防性应用抗菌素，避免再次感染。还要加强造血系统用药，尽力提升血细胞数，以增强免疫力及抗出血及贫血。如有条件要准备成分输血，更应该注意其血象，如白细胞十分低下，以致达到"0"应用组织干细胞移植。

（陈宝珍）

第七章

核辐射的损伤防护及应急中的心理问题

核能的利用是一把双刃剑,人们在享受核能给我们带来便利的同时,人体所受到核辐射照射的机会也日益增多。虽然在核能使用方面,国家相关部门采取了大量安全防范措施,但是由于技术的限制或事故的发生,人们有可能受到一定量的辐射。例如,天然高辐射本底地区生活的居民、核工业生产的职工、经常接触放射线的医务工作者、核电站工作人员、核潜艇指战员、接受放射治疗的患者、从事辐射或相关工作的研究人员等都可能会受到辐射照射。由于辐射特别是较大剂量辐射,具有对机体明显的毒副作用。因此,会对人们造成较大心理压力。若遇核事故、核战或其他核紧急情况下,人们的心理负担会更重,有时甚至比事故本身所造成的损害还要大。因此,国内外都非常重视核紧急情况下的心理问题。

第一节　生理健康与心理健康

心理是什么呢,这个我们经常会提到的词,细究起来也不太说得清楚。为此,我们先谈谈健康。健康都是人们所期望的,一生平平安安、无病无灾,是幸福之所在。

1. 健康和亚健康

健康这个概念是我们非常熟悉的,但是给一个明确的定义也不容易。健康就是不生病吗？换句话说不生病就是健康吗？在《辞海》中健康的概念是："人体各器官系统发育良好、功能正常、体质健壮、精力充沛并具有良好劳动效能的状态。"这种提法要比"健康就是没有病"完善些，但仍然忽略了人的社会属性。马克思说过，人的本质在于他的社会性，人不是独立的个体，他生活在一个环境中，他身心的好坏都会受到他生活和工作环境的影响。那么，一个人怎样才算健康呢？

1948 年，世界卫生组织（world health organization，WHO）明确规定：健康不仅是身体没有疾病，而且应当重视心理健康，只有身心健康、体魄健全，才是完整的健康。这里提出了一个概念，健康不只与疾病有关，它与人的心理也是相关的，也就是说，一个人不仅要有健康的体魄，还要有健康的心理，或者说心理健康是人的健康不可分割的重要组成部分。随着社会的进步，人们认识的提高，1977 年，WHO 又给出了新的定义，即健康"不仅仅是没有疾病和身体虚弱，而且是身体、心理和社会适应的完满状态"。可见真正的健康应包括 3 个方面的内容，即：①身体无疾病；②心理无不适；③社会适应良好。

按照 WHO 的定义，你会发现部分人群不符合健康标准，当然，他们也并非医学上所称的患者，而且这类人群不在少数。20 世纪中期，前苏联布赫曼（BerKman）称之为为"第三状态"。后来，许多国家的学者纷纷提出类似的名称，如亚健康态、中间状态、中介状态、亚疾病状态、浅病状态、灰色状态等，现在一般称为亚健康（Sub-health）。

亚健康是相对于健康而言的，它指机体在内、外环境不良刺激下引起心理、生理发生异常变化，但尚未达到明显病理性反应的程度，医学上也称为慢性疲劳综合征。根据国内有关机构的大范围调查，一般认为中国人口中只有 15％属于健康人群；15％属于非健康人群；70％属于亚健康人群。国外情况也大致如此。当然，亚健康是一种动态的变化状态，是人体介于健康与疾病之间的边缘状态，指既可转化为疾病，也可转化为健康的状态。

亚健康的产生有多方面的原因。一般来说亚健康是由于个人心理素质（如过于好胜、孤僻、敏感等）、生活事件（如工作压力大、晋升失败、被上司批评、婚恋挫折等）、身体不良状况（如长时间加班劳累、身体上出现疾病）等因素综合作用所引起。随着生活节奏的加快、工作压力的增大、社会竞争的加剧，亚健康人群的比重也在增加，特别是大城市和经济发达地区尤为明显。

2. 心理健康和心理亚健康

说到健康的概念时，也一定会提到了心理健康。心理是什么？我们日常生活中讲到这个词的机会很多。其实，心理现象人皆有之，它是宇宙中最复杂的现象之一，从古至今为人们所关注。关于心理，似乎每个人都明白，但要仔细给个定义还是蛮难的。其实，心理是相对生理而言的，生理讲的是人的机体，而心理则是指人的机体对客观物质世界的主观反应。心理有一个发生，发展和消失的过程。人们在活动的时候，通过各种感官认识外部世界事物，通过头脑的活动，思考着事物的因果关系，并伴随着喜、怒、哀、乐等情感体验。简单说就是知、情、意，即认识过程、情感过程和意志过程等。

如果一个人的心理的各个方面及活动过程处于一种良好或正常的状态，我们就说他心理健康。事实上，心理健康是与生理健康相对应的一个概念，具体来说心理健康就是指一个人的生理、心理与社会处于相互协调的和谐状态，其基本特征应包括正确的自我意识、健全的统一人格、开朗轻松的心境、坚强的个人意志、较强的适应能力、和谐的人际关系和积极的学习态度等。当然依人群、环境和年龄等在分布上有较大差异，特别是现代社会，随着科学技术的进步和生存压力的增大，心理也不能总是保持一种完美的健康状态,总会出现明显的波动,甚至表现为不明原因的脑力疲劳、情感障碍、思维紊乱、恐慌、焦虑、冷漠、孤独、自卑,以及神经质等,这时,可能是处于心理亚健康状态,如果持续严重,难以纠偏,则可能是存在心理障碍或心理疾病。

3. 心理问题

心理问题是一个比较大的概念,广义来说,只要人们不是保持一种心理健康状态,那他就出现了心理问题。当然,这个心理问题有时可能是积极的,比如因某喜事而高兴地蹦起来;也可能是消极的,比如因某悲痛的事而伤心欲绝。狭义来说,就是指心理亚健康,甚至心理疾病,它是人在特定情况下产生的心理应激反应,是心理的一种不良表现形式。这也是本文所指心理问题的含义。

每个人在一生的某个阶段都可能会发生心理问题。一般包括:情绪低落、主观感觉异常、自尊心增强、人际关系紧张、情绪易波动、忧郁、焦虑、恐惧、强迫行为、躯体化症状、人格障碍和变态心理等。曾有部门在对中国部分人群进行抽样调查,发现在所有参加调查的人中,有 25.04% 的被调查者存在一定程度的心理问题,也就是说每 4 个被调查者中就有一个人存在一定心理问题。同时,更有 2.24% 的被调查者存在着严重的心理问题,有 22.80% 的被调查者存在比较严重的心理问题。进一步的数据分析显示,被调查者频繁出现的心理问题有精神上的压力;感觉不开心、郁闷;觉得自己生不逢时,不能发挥自己的才干。

判断一个人的心理是否健康即是否出现问题是比较困难的,因为没有什么客观指标。通常心理学家会使用一些量表(列举了一些问题和分值)来让人们回答以确定其心理状态。但是对一般人来说,可以用相对简单一些的方法,我们说一个心理健康的人至少应具备以下 3 点特质。

1) 本人感觉幸福——即在一段时间内,感觉很快乐,没有或几乎没有难过的感觉。

2）他人不感觉异常——即心理活动与社会环境相协调，不出现让人诧异的感觉。

3）社会功能良好——即能胜任社会和家庭角色，能在一般社会环境下使工作顺利、家庭和睦。

第二节　核紧急情况下产生的心理问题

人的心理活动是人脑对客观现实的反映过程，即内、外各种因素作用于人的高级神经中枢而引起的复杂反应。人的心理活动有很多种，通常与所处环境、认识水平、生活经验和性格特征有关。在不同的环境下每个人各自的心理活动是不一样的，其实在相同的环境下每个人的感知也不完全一样，可以说心理活动是没有完全相同的。我们前文提到的核辐射是严重危害人类健康的重要因素之一，人们往往对其存有恐惧。当受到辐射或怀疑受到辐射时，通常难以保持心理平衡而产生沉重的心理负担，进而导致机体代谢紊乱，产生躯体症状，甚至发展为身心疾病。

1. 产生这种心理影响的原因

人类的核活动存在很大的风险，也正是由于人们认识到辐射的严重危害，因此当受到辐射或怀疑受到辐射时，感觉害怕和恐惧，发现安全没有保障，通常难以保持心理平衡而产生沉重的心理负担或心理损伤，从而出现心理问题，进而导致机体代谢紊乱，最后产生躯体症状，发展成为疾病。总之，核辐射使人们感到心理紧张、恐慌。

（1）核辐射危害严重

自 1895 年德国物理学家伦琴发现了 X 射线以来，人们已经认识到,大剂量辐射可以引起人体组织的损伤。如前所述,日本的原子弹爆炸和前苏联的切尔诺贝利核电站核事故留下的致命阴影,至今让人们谈"核"色变。

事实上,核辐射的危险性、扩散性、不可见性、不可预见性和潜在的远期的不确定性构成了一个持续的应激源,给人以巨大压力。因此,一旦发生大的核事故,这种应激会自然放大,其对民众的影响当然巨大。

(2)核辐射难于控制

虽然随着科技进步,人类对辐射的认识不断深入,也发展了很多控制辐射及减轻辐射事故的方法,但是我们还是注意到,一旦发生大的核事故,人类通常显得无能为力,日本核爆炸如此,苏联切尔诺贝利核电站事故也是如此,最近的日本福岛核电站事故更是让人觉得人类的渺小无力。因为,虽然近半年过去了,还是找不到处理事故核电站的科学方法,还不断出现辐射增强的报道,数十万人还是不能回到他们世代耕耘的故土。

核事故也很容易越过国界,波及毗邻国家,引起其他国家的慌乱,使更多的人失去安全感。因为核事故产生的放射性物质,容易随着大气、雨水、海洋环流向周边国家扩散,甚至更远,说得严重一些不知道什么时候你就可能吃到被放射性物质污染的蔬菜、牛肉;喝到被放射性物质污染的水、牛奶;呼吸到被放射性物质污染的空气……由于切尔诺贝利核电站事故,随着放射性烟尘的扩散,整个欧洲都被笼罩在核污染的阴云中。邻近国家检测到超常的放射性尘埃,致使粮食、蔬菜、奶制品的生产都遭受了巨大的损失。2011年的日本福岛核事故后,不只是邻近的中国、韩国检测到核事故释放的放射性物质,就是远隔太平洋的美国也未能幸免。

正因为如此,人们对核事故印象深刻。核事故所留下的创伤和阴影总是难以消除,虽然还有许多自然的或人为的灾害给人类留下了巨大的创伤。比如说,在 1979 年,美国三哩岛核电站事故发生的同一年,印度一座水电站大坝开裂,它造成约 1.5 万人丧生,而三哩岛事故中却无一人死亡。但是印度的水电站事故在人的记忆中早已模糊,三哩岛核电站事故却时常被人提起。日本 2011 年 3 月发生的事故,死亡上万人,但是主要是因为地震和海啸引起的,而由核电站事故引起的伤亡很少,但是人们提起这一事故时,更多的是说核电站事故。

（3）信息发布不及时准确

核事故一旦发生,营运和管理部门就应有责任第一时间公布真相,但是往往由于认识不到位,或者责任心不强,甚至有意隐瞒。1986 年的苏联切尔诺贝利核电站事故发生 3 天后,附近的居民才被告之,需要撤离,但就这 3 天的时间已使很多人饱受了放射性物质的污染,留下惨痛教训和不可磨灭的记忆。

这次日本核事故的处理在信息发布上也存在不及时、不准确的问题。日本当局最初指出,根据国际核能事件七级分类表,事件属于第四级,程度与 1979 年的美国三里岛事件的五级和 1986 年的前苏联切尔诺贝利最严重的七级相比,要来得轻微,据日本原子能安全保安院说,福岛第一核电站事故泄漏的放射性物质总量为切尔诺贝利核电站事故的 10% 左右。但当人们的忧虑心理获得些许喘息的时候,日本方面很快将其更正为五级;不久,又将福岛第一核电站的核泄漏等级由五级提高到七级,从而标志着其核泄漏规模达到了与最著名的切尔诺贝利核电站同样的最高级。这让很多人已经渐渐平息的心再次吊了起来。

（4）辐射基本知识不普及

核事故给事故区域外的人们造成巨大心理压力的另一个原因是人们对辐射及辐射防护知识的欠缺,这当然是由于知识普及不够造成的。今年日本核事故引发的抢盐事件就是如此。又如,

1979 年的美国三哩岛发生了核电站事故,由于害怕受到核辐射伤害,三哩岛附近地区半数以上人员自发逃离家园,人数为 14 万以上,全国有 7 万多反核势力者进军华盛顿举行抗议活动,而事实上,这次事故所释放出的放射性物质对人健康的影响是非常小的。一般来说,低水平的辐射并不可怕。日本发生核事故时,多国测量到空气中有碘- 131 和铯- 137 等,这个确实是自然界中原本没有的,是核事故泄露出来的。但它的浓度只有 $10^{-4} \sim 10^{-3}$ 的毫贝克,只相当于天然性辐射照射的 $1/10^4$ 或者 $1/10^5$ 的量。因此,福岛核事故对我国的影响是很小的,甚至不及切尔诺贝利核事故对我国的影响。

另外,辐射损伤是可防、可控、可治的。辐射损伤实际上也是疾病的一种,因此也是可防、可控的。只要在平时接触辐射或在核事故情况下,注意采取必要的防护措施,可以把人体的吸收剂量减到最小。即使受到意外的照射,一般的辐射损伤,在现代医疗条件下也是可以治疗的。因此,虽然辐射极具危害性,但是它也不是洪水猛兽,更不必谈"核"色变。当然,我们更需要知道怎样防护辐射,比如碘盐不能防辐射,而碘化钾片也不是万能良药。可见,如果知识普及到位,百姓正确地掌握了辐射现状、辐射危害和辐射防护,那么也许就不会发生大的心理恐慌了,如果他们知道碘盐并没有辐射作用,而且国家有着巨量的陆盐储备,并不完全依靠海盐供给,那么,抢盐事件也许就不会发生了。

(5) 缺乏有效应对措施

2003 年,日本核能委员会称,日本核设施因事故导致核辐射暴露并引发灾难的概率应该小于百万年一遇。他们是按照这个标准管理核反应堆的。尽管这次事故还没有造成人员伤亡,但我们知道噩梦差不多在这 100 万年的第 8 年就出现了。概率可以预测某些情况,但却不是绝对的。如果有人告诉你"嗯,它达到了百万年一遇的标准。"你不能冒险地认为这个风险是周期性的,而且在短期内你是安全的。因为我们所掌握的科学还无法衡量罕见事件的风险,却往往低估了其发生的概率及破坏力,因此应做好以防万一、应对随时发生的事故的应急准备。如果准备不足、处理不当,就会加重核事故造成的阴影损害。

"3·11"日本核电站事故后,日本多家媒体和记者整理了一份调查报道,从中可以看出日本政府在事故应对方面的不足。①政府危机反应慢。11日晚核电站处于紧急状态时,但日本方面直至15日才公布,政府和东京电力公司将成立一个办公室,共同处理福岛核电站事件。②为保资产,存侥幸心理。3月11日晚8时30分,2号机组的冷却系统已出现问题,但东京电力公司存侥幸心理没有行动,因为担心机组报废而未及时向反应堆注入海水。直到12日上午10时,东京电力公司才开始打开阀门作业。下午3时36分,1号机组发生爆炸,从那一刻开始,一系列的危机就开始了。③遮遮掩掩,拒绝援助。一些日本媒体认为,政府拒绝外国援助是导致核事故局势恶化的原因之一。据悉,美国政府曾在地震当天获悉核电站冷却系统出现故障时,提出向日本给予技术支援,却被拒绝。④缺乏放射性污水处理对策。事故发生后,东京电力公司持续向海中排放核电机组集中废弃物处理设施等存储的约9000吨低放射性污水,从而导致日本渔业遭受沉重打击。

在我国发生的抢盐事件,实际上也是应对措施不足或应对迟缓造成的。如果了解到政府其实完全可以保证供应,谁会去抢呢?就是因为怕到时候万一没有盐。因为无助,且对相关的社会举措缺少足够的把握,当然就会产生恐慌。喻国明教授认为,政府在此次抢盐风波中的反应依然滞后,尽管看起来好像比过去反应得及时一点了,但是当这种事件从南到北、从东到西发展成为全国性抢购行为的时候,才做出反应,连老百姓都已经动员起来到商店里抢购盐了,我们的政府官员才开始行动起来,不能不说是属于反应迟缓了。政府理所当然应该比老百姓更快，因为它的信息渠道更多，没有做到风起于青萍之末的时候就解决问题，有针对性地进行宣导，这就是滞后。

2. 核应急情况下的典型心理

一方面，不同的环境对人的心理活动造成的影响不尽相同；另一方面，面对同样的环境人们的感受也各不相同。发生核紧急情况后，人们的心理会发生很大变化，严重者可能产生躯体症状。这种心理变化可能来自于事故的突发性，巨大的破坏性，战斗、生活场所的毁坏或环境的满目疮痍，也可能来自于自身的伤痛、亲朋好友的伤痛，甚至死亡等。一般表现为主观感觉异常、情绪低沉易波动、自尊心增强、沮丧、警觉、恐惧、失忆和失语等，有的同时具有 2 种或 2 种以上的心理反应。

（1）恐惧心理

恐惧是对预期心理威胁最易诱发的一种情绪，是企图摆脱或逃避某种情景而又苦于无能为力的情感体验。如果没有第一时间接受到正确引导，人们对外界刺激的反应就没有平时那么理性，容易出现从众行为且相互传染，恐慌反应可能会迅速蔓延，恐惧心理迅速放大，产生群体效应，最终变成群体性恐慌。这种恐慌反应有时比灾难本身更可怕，因为它会带来意想不到的麻烦。

（2）盲从心理

在突发事件面前，人们心理的自主性下降，更容易相信各种小道消息和流言，并以此左右自己的行为。盲从是一种思维与意志的游离状态，是一种比较严重的社会群体的心理应激。

（3）焦虑心理

焦虑是一种内心紧张不安、预感到似乎将要发生某种不利情况而又难以应付的不愉快情绪，出现回避、烦躁等反应，呈高度警觉状态。突发事件发生后,人们的焦虑心理是一种情感的泛化,常感觉有极度紧张、恐惧伴有难以忍受的不适感,而且这种持续警觉状态不能回归正常。

(4) 抑郁心理

抑郁表现为悲哀、寂寞和丧失感,甚至厌世感等消极情绪,伴有失眠、食欲减退等。事件的发生增加了一些具有抑郁性人格者发生抑郁情绪的危险,出现持久的情绪低落、忧郁、失去愉快感,不愿与外界接触或不愿与人打交道,常伴有失眠和注意力不集中等躯体症状。

(5) 迷信心理

迷信心理常发生于突发事件过后而自己侥幸生还的人,坚信冥冥之中有神灵保佑,否则,自己绝不可能大难不死。对身边的任何事情不再用科学和理智去分析,强化了宿命观念,坚信冥冥之中有神灵保佑。迷信心理使精神创伤转换为精神满足,这种心理应付机制能够暂时缓解心理应激反应。

(6) 强迫症或疑病心理

在突发事件面前最容易产生此类不良心理。事件发生后,核辐射的影响不可能很快消除,一般情况下,人们的敏感性会增强,主观异常感觉增多。对任何事物都特别敏感,稍有异常就紧张不安。如可能会出现不停洗手、擦拭,不断出现某种想法等强迫心理的表现;感觉核辐射无时不在、无处不在,对周围环境上的任何变化,如声、光和某些特殊情况等都特别敏感,稍有异常就紧张不安,甚至怀疑领导和同事对自己不讲真情。

第三节 核紧急情况下的心理应对

面对进入人们生活的核辐射,我们要坦然面对,正确认识,积极防范。当然,发生核紧急情况后,心理创伤在所难免,但重要的是自我调适,也可加强辐射知识、心理知识的普及和宣传,加强心理预防。而对存在严重心理问题的人也应进行必要的心理疏导和心理治疗。

1. 正确认识和看待核辐射

虽然核辐射的危害和影响都比较大,但是我们也不必谈"核"色变,一方面国家有严格的管控和防范方案;由联合国公布的统计资料显示,人类所接受的辐射中天然辐射约占 70%,人为辐射约占 30%。因此,辐射并不像看上去那样可怕。

（1）自然界存在天然辐射

人类从古至今生活在一个充满辐射的自然环境中,可以说辐射是人类生命的一部分。我们吃的食物,喝的水,住的房屋,用的物品,周围的天空、大地、山川、草木,乃至人体本身都含有一定的放射性。根据联合国原子辐射效应科学委员会（UNSCEAR）1993年的资料显示,世界上每人每年接受的天然背景辐射剂量平均有2.4 毫希,其中,来自宇宙射线的为 0.4 毫希,来自地面 γ 射线的为 0.5 毫希,吸入（主要是室内氡）产生的为 1.2 毫希,食入为 0.3毫希。中国居民人均年有效剂量为 2.3 毫希。

天然辐射顾名思义就是自然界中早已存在的辐射,这些辐射来源于包括空气中的氡气、地表土壤与岩石所含的微量放射性元素钍、铀等,宇宙射线及人体内因摄入含放射性物质的食物,如钾-40、碳-14 等（图 7-1）。

世界上有许多地区天然辐射本底很高,如巴西喀拉哈利年剂量约 10 毫希,在印度喀拉拉地区年剂量更高达 20 毫希。美国科罗拉多州天然辐射年剂量较其他州平均高 3 倍以上,然而,其癌症病死率并没有比别的地区高。

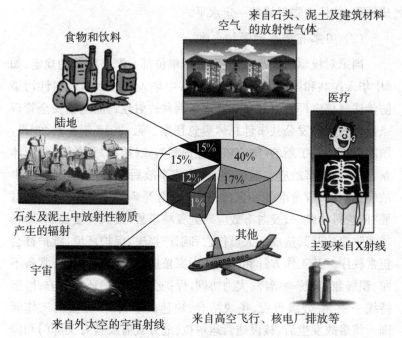

图 7 - 1 天然辐射来源

氡气是一种天然的放射性气体,主要为铀系元素衰变过程中的产物,由于土壤及岩石中都含有少量的铀。因此,我们居住环境的周围,亦不免有氡气的存在。氡气是天然辐射的最大来源。

宇宙射线来自外层空间,因受到大气层的阻挡而减弱,在高海拔地区因大气稀薄辐射较强,一般地区每上升 1500 米,辐射剂量约增加一倍,此外辐射也会随着纬度变化,在高纬度地区的宇宙射线通常较低纬度地区强。

人体的体质量约有 0.2% 是钾,其中 0.012% 是具有放射性的钾-40。此外,人们每天的饮食中也会摄入含有放射性的物质,这些都会造成我们受到体内辐射。由于这些放射性物质也会排出体外或衰变减弱,长时间后,进入人体与排出人体的放射性物质将达成平衡,使体内辐射维持一定水平。

(2) 国家有严格的管控方案

国家对核辐射生产、研究和应用单位都有严格的管理规定,如《中华人民共和国突发事件应对法》《中华人民共和国放射性污染防治法》《核电厂核事故应急管理条例》《放射性物品运输安全管理条例》《国家突发公共事件总体应急预案》等。2013 年 6 月 30 日,国家修订颁发了新的《国家核应急预案》,该《预案》分总则、组织体系、核设施核事故应急响应、核设施核事故后恢复行动、其他核事故应急响应、应急准备和保障措施、附则等 7 部分。总则部分说,要"依法科学统一、及时有效应对处置核事故,最大程度控制、减轻或消除事故及其造成的人员伤亡和财产损失,保护环境,维护社会正常秩序。"其工作方针和原则:"国家核应急工作贯彻执行常备不懈、积极兼容,统一指挥、大力协同,保护公众、保护环境的方针;坚持统一领导、分级负责、条块结合、快速反应、科学处置的工作原则。核事故发生后,核设施营运单位、地方政府及其有关部门和国家核事故应急协调委员会(以下简称国家核应急协调委)成员单位立即自动按照职责分工和相关预案开展前期处置工作。核设施营运单位是核事故场内应急工作的主体,省级人民政府是本行政区域核事故场外应急工作的主体。国家根据核应急工作需要给予必要的协调和支持。"

(3) 国家建立有完备的应急救援体系

辐射损伤实际上也是疾病的一种,因此也是可防可控的。只要在平时接触辐射或在核事故情况下,注意采取必要的防护措施,可以把人体的吸收剂量减到最小。即使受到意外的照射,一般的辐射损伤,在现代医疗条件下,也是可以治疗的。因此,虽然辐射极具危害性,但是它也不是洪水猛兽,更不必谈"核"色变。国家卫生部还专门发布了《核事故医学应急管理规定》《卫生部核事故医学应急方案》。国务院卫生部设立核事故医学应急救援领导小组办公室和核事故医学应急救援中心,建立了完善的医学应急网络。

2．加强平时的心理素质训练

个性特征和气质类型是遗传、环境、教育、训练等多因素长期综合作用的结果,具有相对稳定性。但是心理学家也认为这种稳定性是相对的,它也可在环境明显改变或人为调节条件下发生变化,特定训练能加强这种变化。重视心理训练,也就是重视心理预防,提高人的心理承受能力,这是非常重要的,它比心理问题发生后去疏导和治疗要强百倍千倍。

(1) 树立积极的人生观世界观

1) 热爱生活、积极向上。一个心理健康的人在通常情况下都热爱生活、学习和工作的,在学习和工作中,能充分发挥自己的能力,努力完成任务。具有正确的世界观,从而在求学、谋职或工作等方面做出正确的抉择,处处表现积极进取的精神。

2) 正视现实,自我调适。能面对现实,对周围事物有清醒客观的认识;既有高于现实的理想,又不沉迷于过多的幻想;对生活中各项问题、各种困难和矛盾,能以切实的方法去加以处理,而不企图逃避。情绪稳定乐观,而不是喜怒无常或消极低落,对未来充满希望。他们能对自己的情绪、思维、意志和行为进行调节与控制,具有较强的环境适应能力;对外界压力或刺激具有较好的耐受力,对心理应激能进行自我调适。

3) 了解自我,善与人处。具有自知之明,知道自己的优点和缺点,在行为上独立自主,既能有所为,又能有所不为,只要是对的就主动去做,是错的就能自我克制。既不狂妄自大,也不退缩畏惧,能信任和尊重别人,设身处地地理解别人,能以恰当的方式让

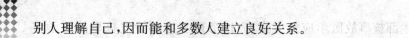

别人理解自己,因而能和多数人建立良好关系。

(2) 学习辐射常识和辐射防护知识

核辐射对心理影响的大小与个人掌握的知识有关。对于辐射的危害,许多人常常是基于来自传媒和口头传播的信息进行判断的。不熟悉辐射及其危害的人不可能正确评价其危害。因此,要有目的地做好宣教工作、加强辐射知识的科学普及,提高人们对辐射的认识水平。可以采用广播、黑板报、讲座、咨询和专题学习班等灵活多样、喜闻乐见的形式宣传辐射常识,介绍辐射损伤的机制、基本的辐射防护方法,以及预防措施等,加深人们对辐射的性质、危害和防护措施等的认识。

辐射是一种自然现象,低水平的辐射并不对人体健康带来任何影响。而且,辐射是可以防护的,只要我们严格按照操作规程、遵守辐射防护的基本原则,即使出现辐射沾染,也可以积极应对而不会对人体产生不利影响,从而减轻无端的疑虑和恐惧心理,当然,也要消除一切都无所谓的麻痹大意思想。应经常组织适当的辐射防护演习和核事故医学应急演习。通过演习来熟悉辐射防护的基本原则、程序和方法,并从中发现问题和解决问题。

另外,辐射损伤是可防、可控、可治的。虽然辐射极具危害性,但也不是洪水猛兽,更不必谈"核"色变。当然,我们更需要知道,怎样防护辐射,比如碘盐不能防辐射,而碘化钾片也不是万能良药。可见,如果知识普及到位,百姓正确的掌握了辐射现状、辐射危害和辐射防护,那么,一旦发生突发情况,也许就不会发生大的心理问题了,如果人们知道碘盐并没有辐射作用,而且国家有着巨量的陆盐储备,即不全靠海盐,那么抢盐事件也许就不会发生了。

(3) 学习适当的心理学知识

每个人在一生的某个阶段都有可能产生心理问题,当然,由于应激源的不同,心理问题有大有小,经过一段时间后,有些回归正常了,而有些则可能持续,甚至放大。因此,有必要学习和熟悉心理学知识和方法,这也有利于在核事故紧急情况下的心理应对。在日常工作中,要建立健全心理教育制度,加强和普及心理知识。

除了学习一些基本的心理学知识,如心理学基本概念、基本理论,也要学习掌握一些基本的心理调节方法,如自我安慰法、自我控制法、目标转移法和主动疏导法等,提高自我调适能力、自我认识和自我矫正的能力,以保持乐观情绪,减轻、缓解或消除不良的心理反应。

(4) 主动接受心理训练

要提高对心理问题的认识,不要以为心理不适是什么不光彩或见不得人的事,如果发现自己可能存在心理不适,应主动寻求心理救助。更特殊的情况是,有的人天生就心理脆弱,比如即使对辐射非常熟悉的辐射工作人员,也可能因为辐射的远期危害而产生担心和忧虑。这时,就应主动接受心理咨询或接受心理训练。通过主动的心理训练能提高心理应对能力,如通过自信心训练、应激训练、胆识训练和模拟实战训练等,可以强化个人心理素质,培养心理稳定性,这对于增加个人心理承受能力非常重要。

3. 核紧急情况下的心理问题的现场处理

在核事故的阴影下,出现心理亚健康现状或心理创伤在所难免,短时间内可能有较大的人群发生心理应激,一旦应对不适当,可能进一步发展成心理问题,从而出现更大范围的心理危机。通常心理危机具有自限性,多于 1～4 周内消失。有研究表明,约占70%的当事人可以在没有专业人员帮助的情况下自愈其心理创伤;另外的 30% 当事人则或多或少会由此而产生一定程度的心理问题,在日后表现出如焦虑、抑郁、躯体形式障碍、进食障碍、睡眠障碍、酒精和药物依赖等。这时,持续出现心理应激的个人应注意自我调适，相关组织和机构也应主动作为，加强心理预防，对存在严重心理问题的人应进行必要的心理疏导和心理干预。

（1）影响事故现场心理的主要因素

1）体质和性格：一般来说，强健的身体具有较强的承受能力，因此，对核事故的反应相对要小一些。如果性格外向、热情、活泼，并具有冒险精神，心理压力一般都较小。

2）心理预防：在事故发生前，进行必要的心理疏导或心理训练，能增强个体的心理承受能力。

3）核事故的预警时间：如果能够事先获知核事故即将发生并会产生巨大破坏，人们也会因已经有心理准备而减轻心理负担，要是已经采取了必要的防护和处置措施，心理承受能力会更大。

4）核事故的性质：核事故越大，破坏力越强，人们所受到的心理创伤也越大。如果事故很小，辐射危害也能很快被消除，人们的心理压力也会很快消除。

5）现场处置能力：在核事故现场，强有力的领导能力和集体凝聚力对减轻核事故对人的心理压力非常重要，如果现场混乱、无人组织指挥，必然会加剧恐慌，造成更大的心理压力。

（2）个人心理疏导

1）了解真实信息，不相信谣言：一旦出现核与辐射突发事件，公众必须做的第一件事是尽可能获取可信的关于突发事件的信息，了解政府部门的通知和有关应对措施，切记不可轻信谣言或小道信息。

2）正确认识心理问题，积极对待：心理应激是人在特定情况下自然产生的心理应激反应，是一种本能的保护措施，应该知道心理应激是有意义的，每个人在一生的某个阶段都有可能产生心理应激，甚至心理问题，如焦虑就是应对危险或者可能危险的一种方式。一旦受到心理打击，应采取一些对内心有安抚作用的方法来解除精神紧张，从而得以自我疏导。有的可能会出现某些不良行为，也有的表现为抑制、退缩、被动和消极的特征，可能还有一些人出现严重症状，这时，其家属和相关的人员应及时为有这些表现的人员安排心理干预和治疗。

3）做好充分的心理准备：核事故毕竟是一种严重事故，核阴影导致心理问题也可能在所难免。一旦发生这种心理应激，我们要主动作为，采取必要的应对措施，去改变或接受现况。比如，在危机变得更糟前，做好心理准备，就能增强个体的心理承受能力；或者采取防护措施或远离应激源的影响，也是减轻心理应激和心理问题的重要方法；通过自我调适，比如自我安慰、自我放松，以使思维和情绪恢复平静，也能很好地减轻心理应激和心理问题。如果感觉心理问题严重的话，应主动咨询心理医生进行心理干预。当然，如果我们没有能力去改变现况，我们也可以选择默默地接受现况，相信政府和有关组织会来帮助我们，静静地等待情况的改善。

4）采取必要的防护措施：要避免恐慌，及时收听广播或收看电视，按照政府的指示行动。在可能有放射性污染存在的情况下，采取必要的防护措施。例如，事故影响区域可以选用就近的建筑物进行隐蔽，应关闭门窗，关闭通风设备。根据地方政府的安排实施有组织、有序地撤离，正确服用碘片。当判断有放射性散布事件发生时，切忌不能迎着风，也不能顺着风跑，应尽量往风向的侧面躲，并迅速进入建筑物内隐蔽。采取呼吸防护，包括用湿毛巾、布块等捂住口鼻，过滤放射性粒子。若怀疑身体表面有放射性污染，采用洗澡和更换衣服来减少放射性污染。防止摄入被放射性污染的食品或水。

5）控制情绪，自我调适：情绪是指有机体反映客观事物与主体需要之间关系的态度体验，一般由某种刺激作用于有机体所引起。根据所引起的情绪状态的强度可分为心境、激情、应激 3 种。

心境是一种微弱、持久、带有渲染性的情绪状态；激情是一种强烈的、迅速爆发、激动而短暂的情绪状态；应激是一种由出乎意料的紧急情况所引起的十分强烈的情绪状态。在强烈的情绪状态下，很容易出现判断错误、行为不受控制等情况，控制强烈的情绪反应非常重要。心理健康的人能对核阴影有清醒客观的认识，对各种困难和矛盾，能以切实的方法去加以处理，而不企图逃避。情绪稳定乐观，而不是喜怒无常或消极被动，对未来充满希望。他们能对自己的情绪、思维、意志、行为进行调节与控制，具有较强的环境适应能力；对外界压力或刺激具有较好的耐受力，对心理创伤能进行自我调适。

（3）政府对公众的心理支持

1）及时发布信息：在突发事件来临之际，人们出于自我保护和了解事情原委的本能，十分渴望得到充分的信息。对某种信息或事物的不确定状态是焦虑和恐惧的唤醒因素，信息的透明可降低焦虑或恐慌程度。因此，一旦发生核辐射事故，营运单位和政府管理部门就应有责任，在第一时间公布真相，而不是不予理睬或立即封杀。1986年的苏联切尔诺贝利核电站事故发生3天后，附近的居民才被告之，需要撤离，但就这3天的时间已使很多人饱受了放射性物质的污染，留下惨痛的记忆。2013年，国内在日本核事故后引发的"抢盐"恐慌事件，就是由于谣言造成的。但是在本次抢盐事件发生后，政府及时采取各种方式批驳谣言，起到了稳定情绪、凝聚人心的积极作用。实践证明，面对突发事件，权威信息传播的越早、越多、越准确，就越有利于维护大众与社会稳定和缓解个体的不良情绪。因此要利用传媒进行正面宣传，定期召开信息发布会，如实报道真实信息，如果没有信息或信息不可靠，要如实回答，这样可以起到稳定人心的作用。另外，对于一些引起人群恐慌的信息要注意封闭传播途径，政府还应尽快找到谣言的源头，严惩谣言散布者，防范有居心不良的少数人蛊惑煽动，出现哄抬物价，而牟取暴利的行为。

2) 普及辐射和心理学知识：核阴影的影响大小在很大程度上取决于个人的知识和情绪等因素。对于辐射的危害，许多人常常是基于来自传媒和口头传播的信息进行判断的。人们对核辐射的危害、扩散途径、如何防护等知识知之甚少时，就会陷入深深的恐惧中，所以要对公众加强辐射知识普及和防护训练，做到有备无患，通过专家讲课、印发宣传手册等方法普及辐射安全知识；在事故发生后及时开通各种热线，让防辐射专家、心理医师及时回答人们的疑惑，人们可以通过热线及时求证信息的科学性和真实性，缓解心理紧张情绪。在日常工作中，要建立健全心理教育制度，加强和普及心理知识。如了解心理学的一些基本概念、基本理论，同时，也要教会人们掌握一些基本的心理调节方法，如自我安慰法、自我控制法、目标转移法和主动疏导法等，提高自我调适能力、自我认识和自我矫正的能力，以保持乐观情绪，减轻、缓解或消除不良的心理反应。另外，也要采用广播、黑板报、讲座、咨询和专题学习班等灵活多样、喜闻乐见的形式宣传核辐射常识，要熟悉并了解辐射是自然现象、辐射无处不在，低剂量辐射、局部辐射并不可怕，辐射是可防护的，辐射损伤是可治疗的，以减轻无端的疑虑和恐惧心理，但同时也要消除一切都无所谓的麻痹大意思想。

3) 采取有效应对措施：政府及时有效的应对方案是舒缓群众心理问题的重要因素，因此，政府和有关管理部门在应对核事故和核阴影带来的影响时，要有清醒的认识，迅速制定应对方案，除现场管控方案外，应统一安排紧急心理危机干预工作，建立心理救助队或相关组织，促进形成灾后社区心理社会干预支持网络，拟定心理危机干预培训内容、宣传手册、心理危机评估工具。定期或必要时召开会议，总结前段工作，对工作方案进行调整，并部署下一步的工作。应及早安排心理专家开设心理咨询热线，利用多种途径进行心理辅导和心理健康教育,介绍心理自我调节的方法,采取以防为主的心理健康教育及积极主动的心理危机干预手段,稳定公众的情绪,缓解他们的心理危机,做好核辐射事故应急处置准备,及时启动各种预案。当然,也要注意对干预人员开展督导,防止二次心理危机。

4) 培育心理教育骨干,加强心理人才储备:要大力培养心理医生或心理咨询师,建立一支好的心理骨干队伍,培训内容包括心理危机干预技术、流程和评估方法等。他们不仅能够发现、鉴别普通人群存在的心理问题,而且会运用心理学原理,扎实有效地开展心理咨询工作。要把心理危机干预和社会工作服务紧密结合在一起,建立与当地民政部门、学校、社区工作者或志愿者组织等负责灾民安置与服务的部门或组织的联系,并对他们开展必要的培训,让他们协助参与、支持心理危机管理工作。心理医生应具有预见能力,能及时发现人们存在的问题,提出相应的预防措施,根据不同人群的文化素质,性格特征和心理状态,因人而异、有的放矢地做好心理疏导工作。心理医生要应对有心理问题的人群持积极态度,用自己的专业知识向有心理应激或心理问题者作详细的解释说明,使其扫除心理障碍。对存在严重心理问题的人应引导其及时宣泄心理压力,以防出现意外,必要时,进行药物治疗。

(4) 社会心理救助

1) 制定心理危机干预预案:心理干预组织应事先与当地主管部门取得联系,了解受影响群众的基本情况,确定干预对象及其分布和数量;制定干预原则、主要干预方法和具体实施方案;主要包括以下内容:①了解目标人群对核阴影的应激反应表现和社会心理状况。根据所掌握的信息,发现可能出现的紧急群体心理事件苗头,及时向有关部门报告并提供解决对策建议。②应用专业的心理疏导和干预技术,对出现有严重心理应激反应的人员进行及

时的心理干预；根据不同个体对事件的反应，采取不同的心理干预
方法，以减少严重心理危机等的发生。③组织进行灾难社会心理
监测和预报，及早发现有心理问题的人员，对其进行及时的心理咨
询和干预，并为相关部门提供处理紧急群体心理事件的预警及解
决方法。④尽可能对当地拟参与医护人员进行心理危机干预知识
培训，熟悉主要干预技术，扩大心理干预力量。注意保护易感人
群，用科学知识提高群体成员对应激性事件的认识，增强他们识别
和应对恐慌性应激事件的能力。

2) 对目标人群分类，确定干预重点：应接受心理卫生方面帮
助的人员指那些直接卷入大规模灾难或者丧亲、财产损失的幸存
者，他们是需要及时给予心理援助的潜在受灾者；其次是与他们有
密切联系的个人和家庭；从事救援或搜索的人员，或者帮助进行重
建或康复工作的成员和志愿者也应考虑在内；在临近灾难场景时
易感性高的个体，也可能表现心理病态的征象而需要帮助。一般
应通过简单筛选对其进行分类，确定干预重点。第一类人群是经
过评估有严重且持续心理应激症状的人群，可能存在较重的心理
问题，为高危人群，是心理干预的重点对象。如不进行心理干预，
其中部分人员可能发生长期、严重的心理障碍。对重点人群宜采
用"稳定情绪""放松训练""心理辅导"等技术开展心理危机救助。
第二类是普通人群，指目标人群中经过评估没有严重应激症状的
人群，包括一般心理问题人员和可能有心理问题的人员。对普通
人群采用心理危机管理技术开展心理援助，主要采取宣传教育、提
供心理咨询和给予适当心理干预等方法。

3) 选择合适的心理干预方法：心理疏导和心理干预要因人而
异，采取有针对性的方法。例如，①适当的安全保证，减轻重点人
群对当前和今后的不确定感，化解核阴影带来的压力。这种保证
是非常有益的，但必须是建立在全面了解突发事件的基础上的，提
出的保证要有足够的依据，使其深信不疑，这种信任感是心理干预

取得成就的前提。②给予情感支持,认同心理危机人员的情感变化。面对突发核事件造成的巨大影响,多数人在心理上变得茫然失措,易出现各种非理性情绪和非理智思维。心理干预人员应视此种心理反应是正常的,及时给予安慰、同情、支持和开导。情感支持中要充分利用个人、社会支持系统。社会支持系统就是人们在社会生活中会逐渐建立起的自己的危机应对系统,一般由家人、亲属、战友、同事、同学和朋友构成,为人们提供亲情、物质和信息上的支持,分担困苦和共渡难关。因此,获得来自组织和外界的救助显得非常重要。③给予压力释放空间。释放是指宣泄被压抑的精神能量和积郁的紧张情绪,人体的有关能量得到宣泄,紧张的应激状态就得到消除,人在生理上和心理上由紧张变为松弛,由兴奋转入平静。若能量长期得不到释放,人会因焦虑过度而导致神经症。可以运用语言及行为上的支持,帮助重点人群适当释放情绪,恢复心理平静。可以以理解的心态接触重点人群,给予倾听和理解,判断其想法,并做适度回应,比如当其感到委屈时,要表示同情和理解,并一起分担他们的不愉快。但要避免将自身的想法强加给对方。也可以给目标人员一个开放的空间,让其自由所为,以宣泄释放能量和心中的郁闷。④传授心理舒缓方法。应激人群较多时,不可能全做到点对点的心理干预,因此可对应激较轻人群传授一些基本的、简便易行的心理疏导或干预方法,掌握压力管理技巧,成为压力与情绪的主人。学会壮大自我,善待自己,自我减压、不自寻压力和烦恼。只有懂得自我调适压力,才能减低情绪,快乐地工作。学会善于利用外界资源(如亲人、朋友、组织和社会的力量)——将外界资源转为内在力量。告诉他们,如果出现了不能自我调适的心理问题,应主动到心理咨询机构,如心理咨询所、电话心理咨询热线等找心理咨询师进行咨询。⑤必要的强制干预手段。在核事故发生后,对可能受到核阴影影响的重点人群提供心理社会支持的同时,要鉴别那些受到严重心理创伤且存在特别严重心理问题的人员,并提供到精神卫生专业机构进行治疗的建议和信息。必要时给予适当的药物(如镇静、催眠类药物等)治疗,以消除、矫正或缓解症状,调整当事人异常心态和行为模式。采取药物干预时,也要同时辅以心理治疗和心理社会康复治疗,强调急性应激干预多维化。

(5)心理干预须注意的问题

1)心理干预与医疗救援并重。要正确认识心理干预。心理危机干预是指针对处于心理危机状态的个人及时给予适当的心理援助,必须指出这不是一种程序化的心理治疗,而是一种心理服务。要以科学的态度对待心理危机干预,明确心理危机干预是医疗救援工作中的一部分,不是"万能钥匙"。心理干预不能取代必要的医学治疗,要把心理危机作为心理问题处理,而不要作为疾病进行处理。

2)心理危机干预和社会支持系统相结合。核阴影笼罩的人群数量庞大,必须依靠各方力量参与。要把心理危机干预和社会工作服务紧密结合在一起,建立与当地民政部门、学校、社区工作者或志愿者组织等负责灾民安置与服务的部门或组织的联系,并对他们开展必要的培训,让他们协助参与、支持心理危机管理工作。

3)区别对待,重点救助。发生核事故后,每个人的反应不尽相同,这既与个体不同的体质和性格特征有关,也与采取的预防措施、现场处置能力有很大关系。要承认个体的差异性,区别对象、区分情况,对其采取有针对性的心理疏导方法。另外,要注意心理焦虑、神情委靡的人群,如果不给予他们心理疏导和治疗,可能会导致更严重的问题。应该尽可能早的给予有心理问题者心理疏导或治疗,因为随着时间的延长,这些心理问题可能会逐渐加重。要重点救助那些持续存在严重心理应激的人群。

4）正确认识，科学处理。创造良好的心理氛围。心理问题是人在特定情况下自然产生的心理应激反应，是一种本能的保护措施。不能将有严重心理问题的人简单地看作"胆小鬼""怕死""政治思想不合格"等，否则，后果会适得其反。对这样的人员要多一点关爱，多一些沟通，切记不可不理不睬，不能歧视，不要过分指责。对当事人自己能意识到的问题给予指导、鼓励和安慰，以减轻或消除当事人的心理问题或情绪困扰，而不探究其潜在的心理因素或动机。要严格保护被救助人员的个人隐私，不随便向第三者透露受助者个人信息。要设身处地地体察当事人的内心感受，既分担被干预者的痛苦与悲哀，又要保持适当的心理距离，不使被干预者滋生绝望或过分依赖的心理。

（雷呈祥）

第八章

打造城市核化生应急专业队伍的思路

第一节　问题的提出

迄今,人类发动的唯一的一次核战争,就是 1945 年 8 月 6 日和 8 月 9 日美国向日本的广岛市和长崎市中心投掷了叫"小男孩"和"胖子"的原子弹,造成广岛市 24.5 万人中的 20 万人死伤,整个城市化为废墟;造成长崎市 23 万人口中的 10 万余人当日伤亡和失踪,城市 60%的建筑物被毁。这是人类历史上唯一的一次将核武器用于实战。

美国用原子弹轰炸广岛市和长崎市,也使日本人民遭受到军国主义者发动侵略战争带来的严重灾难。日本人民成为战争的受害者,同时也亲身体验了原子弹造成的无穷后患。

当时的人们对原子弹这个东西,知之甚少。更无从谈起救援和治疗。

历史的教训是惨痛的,必须牢记历史,勿重蹈覆辙。

1968 年 1 月 7 日,由英国、美国、苏联等 59 个国家缔结签署的《不扩散核武器条约》(Treaty on the Non-Proliferation of Nuclear Weapons——NPT)又称"防止核扩散条约"或"核不扩散条约"。该条约的宗旨是防止核扩散,推动核裁军和促进和平利用核能的国际合作。该条约于 1970 年 3 月正式生效。截至 2003 年 1 月,条约缔约国共有 186 个。

1999 年 10 月,联合国在维也纳召开首届促进《全面禁止核试验条约》(Comprehensive Nuclear-Test-Ban Treaty，CNTBT)生效大会。其宗旨和目标：全面禁止核武器试验爆炸及其他任何核爆炸，有效促进全面防止核武器扩散及核裁军进程，从而增进国际和平与安全。已签约的有177，已批准的有138个，39个未批准。

其一，尽管如此，历史上美国和苏联曾经达成过部分销毁核武器的协定，销毁了一些级别的核武器，也达成了禁止在海上和外太空进行核试验的条约。但是执行情况波动很大。

其二，20世纪30年代，核能的利用就被提上日程。1942年12月2日，由科学家E•费米领导的研究小组指导，开始建立世界上第一座核反应堆；后来又陆续建立了三座生产钚-239的石墨水冷反应堆和一个提取钚-239的放射化学工厂，以及气体扩散和电磁分离铀厂。第二次世界大战后，美国的核工业进一步发展，除继续扩大易裂变物质的生产、大量进行核试验、制造核武器外，也将核能利用作为船舰的动力和建设核电站；到了1957年，美国第一座核电站运行，至今已拥有核电站上百座。

苏联于20世纪30年代开始从事核能研究；1948年，第一座生产钚-239的反应堆投入运行；1949年8月，进行了首次核试验；1952年，第一座气体扩散工厂投产；1954年6月，建成世界上第一座核电站，至今已拥有核电站几十座。

英国和法国在第二次世界大战后开始建立核工业，分别在1952年和1960年进行了首次核试验。

我国的核工业是在新中国建立后创建和发展起来的。1950年，成立了中国科学院近代物理研究所，开始从事核科学技术研究工作。1954年，中国地质工作者在广西发现了铀矿资源；毛泽东主席在听取汇报后指出，我们有丰富的矿物资源，也要发展原子能。1955年9月，在薄一波主持下起草了《关于我国制定原子能事业计划的一些意见》，同年12月进一步修订成《关于一九五六年至一九六七年发展原子能事业计划大纲(草案)》，提出了创建中国核工业的设想。1956年11月16日,国家建立了第三机械工业部,在前苏联援助下建设核工业。1958年,中国第一座重水型实验用反应堆和回旋加速器建成并投入运行。1960年,前苏联政府撕毁协定,撤走专家。此后,我国自力更生,奋发图强,继续发展了核科学技术和核工业。1962年11月成立了以周恩来为首的中央专门委员会,直接领导研制生产原子弹的工作。1964年10月16日,我国成功地爆炸了第一颗原子弹;1967年6月17日,又成功地进行了第一颗氢弹爆炸试验;1971年9月,第一艘核潜艇试航成功。这些都表明,中国的核工业已有较快的发展,建成了比较完整的核工业体系。20世纪70年代末,随着国家工作重点转向建设,核工业由主要为军用服务,转向"军民结合,以核为主,多种经营,搞活经济"的方针,主要从事核能、核技术的和平利用,民用产品的开发。1983年6月,开始了中国自行设计的电功率为30万千瓦的秦山核电站的建设;1984年4月,引进技术设备开始建设大亚湾核电站。

　　核能,作为一种清洁能源,受到世界各国的高度重视。

　　其三,当今世界已进入后核时代。虽然核军控和核裁军有了一定的进展,但核威慑在今后的几十年内仍将是有核国家和核门槛国家军事战略的基础。核威慑力量不仅直接表现为拥有一定核武器装备,而且也表现为具有一定的核研究和生产能力,其中包括核科技队伍。发展军民两用核技术,有利于保持和发展国家核能力,也是对实施核威慑战略的重要支撑。

　　以发展核电作为保持核能力、确保核大国地位的趋势。世界上所有核大国和存在发展核武器潜在需求的国家,无一不重视核电、核燃料循环技术的发展。更重要的是,由于和平时期各国都不可能通过大量生产核武器来锻炼和改进自己的核技术,核大国大多是在保持部分高素质的核武器研究开发力量的同时,通过大力发展核电产业,为充实和提高其核能力奠定基础。无核武器国家,

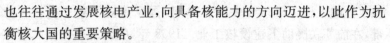

也往往通过发展核电产业，向具备核能力的方向迈进，以此作为抗衡核大国的重要策略。

其四，例如，1979年3月28日，美国三里岛核电站事故，尽管造成极小的人员损伤和对周围环境的影响也较小，但是由于当地民众的恐慌和不安，一直受到诟病。

再例如，1986年4月26日，苏联切尔诺贝利核事故，该事故被认为是历史上最严重的核电事故，也是首例被国际核事件分级表评为第七级事件的特大事故。

爆炸发生后，并没有引起前苏联官方的重视。在莫斯科的核专家和苏联领导人得到的信息只是"反应堆发生火灾，但并没有爆炸"，因此苏联官方反应迟缓。在事故后48小时，一些距离核电站很近的村庄才开始疏散。当时在现场附近村庄测出了是致命量的几十倍、发生爆炸的四号反应堆及覆盖在上面的石棺百倍的核辐射，而且辐射值还在不停地升高。但这还是没有引起重视。专家宁愿相信是测量辐射的机器故障也不相信会有那么高的辐射。可是居民并没有被告知事情的全部真相，这是因为官方担心会引起人民恐慌，甚至在普里皮亚季还在举行有乌克兰第一书记参加的五一节庆祝。许多人在撤离前就已经吸收了致命量的辐射（若能立即撤离，则可大幅减少受害者数量及程度）。事故后3天，莫斯科派出的一个调查小组到达现场，可是他们迟迟无法提交报告，前苏联政府还不知道事情真相。终于在事件过了差不多一周后，莫斯科接到从瑞典政府发来的信息。此时辐射云已经飘散到瑞典。前苏联终于明白事情远比他们想的严重。之后数个月，前苏联政府派出了大量人力物力，终于将反应堆的大火扑灭，同时也控制住了辐射。但是这些负责清理的人员也受到严重的辐射伤害。

即使是在多年之后，前苏联政府也因为救援不力或其他原因，被世人指责。

又例如，2011年3月11日，日本福岛第一核电站事故，暴露了日本救援反应的迟钝,暴露了日本关于这方面管理的漏洞和部分官员的玩忽职守,以及日本政府事故处理措施不力,被多方批评,使日本民众对政府的信任度下降,甚至间接导致日本首相菅直人的很快辞职。

其五,近年来,世界恐怖主义和极端宗教主义分子越来越猖獗。美国、日本、英国、伊拉克、俄罗斯和全球其他地区先后出现使用爆炸、燃烧、毒害作用的放射性物质和化学物质的恐怖主义事件。恐怖组织有计划、有目的指使恐怖分子,直接或间接地利用放射性物质、化学战剂或危险化学品、生物制品制造恐怖行为,造成公众伤害、残害生命,破坏经济和社会稳定、污染环境。当前,反恐怖已引起各国严重关注。上海这样一个开放性国际大都市,不可避免的也会受到隐匿恐怖主义的潜在威胁,因此,必须加快应对恐怖事件的公共卫生应急救援体系的建设。

核化生恐怖袭击不仅手段残忍、行动诡秘,而且后果惨烈,容易造成社会恐慌。我国是核武器、化学武器和生物武器受害国。至今,日本侵华战争遗弃化学武器所造成的危害还远未消除。

综合上述5点,无论大国之间的核威慑战略发展态势,还是各国核工业的蓬勃发展;无论是核电站事故,还是恐怖袭击,安全性是始终放在第一位的。人类对核武器的不可控和核电站事故,以及恐怖主义破坏,心存强烈的谴责和反对。

因此,我们必须着眼打造一支平时能应急、战时能应战的核化生(即核战争、化学战、生物战)"三防"医学救援力量,以担负国家重大活动时的安保和处置突发公共卫生事件等任务,并以此为牵引,大力加强军队和地方"三防"医学救援能力的训练。在预编体制、物资储备、训练方法、使用原则等方面,必须制定完整配套的方案和设置多个演练项目,反复进行实战化训练,对现场侦检、院前急救、院内治疗等环节无缝对接,军地联合指挥、出动、处置,形成优势互补。从难、从严、从实战出发,把分练与合练相结合、静中练与动中练相结合、理论研究与针对性演练相结合。既练高新技术武器救援的新技术，也练常规武器的一般救护；既练单兵救护项目，也练协同配合救援。从而逐步形成一专多能、多专业合成、边救援边作战的综合卫勤保障新路子，切实做到"拉得出、展得开、防得住、救得下"。通过军民融合、共同保障，使我国的整体应急医学救援水平提升到一个更高层次。

放眼全球，各国都非常重视核化生反恐医学救援力量的建设。维护城市安全、加强城市突发事件应急医学救援体系建设，具有很强的紧迫性和必要性。

第二节　打造城市过硬的核化生救援精兵强将

核化生事故应急救援组织指挥是核化生事故应急救援活动成败的关键，明确核化生事故应急救援组织指挥的任务，掌握核化生事故应急救援组织指挥的要点十分必要。

1. 组织

1）核、化、生特种应急救援纵队指挥长由城市主管首长担任。

2）参加领导成员有市及驻军有关单位的领导，以及市的各级领导。

3）物资筹备单位是城市后勤及部队后勤各单位。

4）顾问指导组由从事核、化、生资深专家教授担任。

2. 任务

城市及部队统一指挥，各组分工负责，成为一个整体，并成为我国南部核、化、生应急救援的独立纵队，召之即来，来之能战，一旦有事可迅速集结，奔赴事发现场。

3. 具体分工和任务

(1) 顾问指导组

顾问指导组负责指导核、化、生各专业的系统知识的培训,应急准备程序和方法及方案指导,展开演练,一定要达到实战要求。

(2) 物资筹备处

物资筹备处由地方及部队后勤部门负责,对应急救援纵队的物资器材进行筹备,下分5个组。

1) 防护器材组:按照人数准备,一般以百人份为一个基数,但仍需为救护伤病员所需量。防毒面具分为指挥式面具、普通式面具及完全隔绝式面具,并附有保名片,可防热气造成眼镜视物障碍,防护衣、防护靴。同时配备全隔绝式面具及防护衣,并配备好氧气及照明灯等设备,平时的护目镜。此外,还有简易式防护衣帽,口罩。制式以百人份为好。

2) 洗消器材组:应备有三防洗消淋浴车,最好2~3台。并配备排帐篷,准备用于有污染的1~2顶,以备进入洗消前脱防护衣帽;用于无污染干净帐篷1~2顶,以备洗消后穿衣应用,并有男女分区。同时,应有足够的喷洒、淋浴和洗消设备,以备对车辆及担架等物品进行洗消。并要处理好洗消后的污水。

3) 物理、化学、生物检验器材组:

一是核辐射越野侦察车1~2台,车上设有乙丙核辐射侦察仪2~4件,并配备应急救援纵队个人计量笔,每人1支。洗消站应有乙丙核辐射侦察仪。

二是化学侦察技术与装备,①侦毒纸分为一色侦毒纸和三色侦毒纸,侦毒包,侦毒盒和侦毒器。②报警器材:比色法毒剂报警器材、荧光法毒剂报警器材、酶法含磷毒剂报警器、电化毒剂报警器、离子化毒剂报警器、红外光谱毒剂报警器。分析仪器:化验箱、化验车等。③消毒设备：大型喷洒装备如喷洒车、淋浴车；多功能消毒设备如乳化消毒剂洗消车和泡沫洗消车；便携类的洗消设备有 FXX03 型洗消器、M291 皮肤消毒包、DS10 便携式洗消器、M13 便携式洗消器、T155 洗消器。主要消毒剂。

三是生物袭击人员防护的装备，生物防护面具、正压防护面具；生、化两用防护面具；防护口罩；生物防护服、连体橡胶防护服、正压防护服；防护手套及靴子。

四是疫苗接种（疫苗准备）是被动免疫和药物预防。

4）运输器材组：

一是救护车 2～4 台，车上应设备齐全，如氧气及急救药品器材箱等。

二是运送伤员车，可洗消的 1～2 台，非洗消的 1～2 台。

三是担架，自动机械式，轻便易行式，双人抬及单兵推进式等若干。

四是应有直升机配合。

5）抢险救灾器材组：挖掘机 1～2 台；千斤顶若干；一般人工挖掘设备；灭火设备；送气、水、营养、避寒等设备。

第三节　精兵强将的要求

1. 人员组成

除各级领导与指挥外，所有应急救援纵队人员要求如下：

1）要求医科大学毕业，实际工作 2～3 年以上，具有全科医师资格。

2）限定 35 岁以下，身体健康，男女比例为 2∶1 或 3∶1。全部有战争中开展医学救治的能力。

3）人数：从临床及基础科室选拔 100 人，成为 300 人功能的纵队。常规预备 60 人,还有 40 人成为预备队员。

4) 物资准备五个组,每组常规有 1～2 人负责。经常检查更新,随时可以调用。

2. 人员培训

1) 基础训练:不仅懂得临床医疗抢救常规,而且对特殊的核、化、生战争情况应十分熟悉,即核战争、化学战、生物战的战场状况,损伤因素及特点,诊断分类,抢救与急救方法等等。如此对核、化、生事故也能迎刃而解了。

2) 技能训练:本纵队人员应该熟知理论与防护动作及各种方式方法,学会对核化生战场或事故的抢险应急中的自身防护。同时还要指导现场群众及伤病员的防护措施,使其能迅速地撤离污染地域。

3) 训练服准备:本纵队人员应正确并熟练地使用防护器材,防毒面具、防毒衣、防毒靴等,专人专用,统一编号,每人一套。届时,各自应用自己的,不会不合身。平时就要养成良好的隔离、洗消、消毒习惯。

4) 应急救援队员的体能训练:凡是参加纵队人员一定要认真地进行体能锻炼,要在穿戴防毒面具、防护衣、防护靴全副武装的情况下进行耐时、耐力训练。每个队员必须耐时 6～8 个小时的防护训练。达到耐时训练后,还要进行耐力训练,全副防护服装负重训练,如抬担架跑步前进等,否则不能担任应急救援纵队队员。

5) 训练方法:先是各分队单独训练,训练达标后,进行纵队综合演练,此时要统一指挥,调动全纵队人员合练,进行模拟现场应急救援演练。此事应该视情况,每年复训 1～2 次,每次 1～2 周。

第四节　药品器材的准备(具体方案由各专业对口另行详细制订)

核辐射及核弹爆炸或核事故的防治方案及应急救治药箱；化学武器损伤的防治方案及应急救治箱；生物武器损伤的防治方案及应急救治箱，要求配备齐全，常备不懈，药品器材到位，每年有专人检查更新，成为一项常规工作。按城市大小而成立专业队伍大小、多少而定。

(陈宝珍　刘玉龙)